普通高等学校"十四五"规划
艺术设计类专业案例式系列教材

滨水景观设计

（第二版）

主 编 黄梽睿 曾 琪 欧阳丽萍
副主编 赵春齐

ART DESIGN

華中科技大學出版社
http://press.hust.edu.cn
中国·武汉

内容提要

水域孕育了城市和城市文化，并成为城市发展的重要因素。本书共分为七章，分别从滨水景观设计概述、滨水景观的设计要素、滨水景观的设计类型、滨水景观设计与亲水设施、滨水景观设计与生态可循环、滨水景观设计的细节处理、滨水景观设计的发展趋势来具体讲解滨水景观设计。本书图文并茂，各类小知识和小贴士能让读者在学习之余拓展知识面。每一章均配以相关案例，以更深刻地讲解滨水景观的设计。本书可作为高等院校景观规划与设计、风景园林、环境艺术设计及相关设计专业的教材，也可作为相关从业人员的参考用书。

图书在版编目（CIP）数据

滨水景观设计 / 黄梽睿, 曾琪, 欧阳丽萍主编. -- 2版. -- 武汉 : 华中科技大学出版社, 2025. 8. -- (普通高等学校“十四五”规划艺术设计类专业案例式系列教材). -- ISBN 978-7-5772-2069-7

Ⅰ. TU986.4

中国国家版本馆CIP数据核字第20251GC066号

滨水景观设计（第二版）　　黄梽睿　曾　琪　欧阳丽萍　主编

Binshui Jingguan Sheji（Di-er Ban）

策划编辑：金　紫

责任编辑：叶向荣

封面设计：原色设计

责任校对：林宇婕

责任监印：朱　玢

出版发行：华中科技大学出版社（中国·武汉）　　电话：(027)81321913

武汉市东湖新技术开发区华工科技园　　邮编：430223

录　　排：华中科技大学惠友文印中心

印　　刷：湖北新华印务有限公司

开　　本：889mm × 1194mm　1/16

印　　张：11

字　　数：234 千字

版　　次：2025 年 8 月第 2 版第 1 次印刷

定　　价：69.80 元

前言

Preface

习近平总书记在党的二十大报告中指出：我们坚持绿水青山就是金山银山的理念，坚持山、水、林、田、湖、草、沙一体化保护和系统治理，全方位、全地域、全过程加强生态环境保护，生态文明制度体系更加健全，污染防治攻坚向纵深推进，绿色、循环、低碳发展迈出坚实步伐，生态环境保护发生历史性、转折性、全局性变化，我们的祖国天更蓝、山更绿、水更清。

水作为一切生命形态得以存续的根本要素，其宏大与细腻并存的形象深入人心。随着社会进步和人类需求的激增，在滨水环境系统尚未完善的时代，河流承受了巨大的污染压力。未来的滨水景观设计应明确滨水空间环境是城市公共开放空间和生态平衡的关键因素。在进行滨水景观规划与设计时，不仅需考虑城市防洪安全，更应秉持“生态优先”的原则；应充分利用河流、湖泊、海洋的自然流动性及其季节性变化，结合丰富的动植物和人文景观，打造多元化的滨水区域，以满足公众的观赏、休闲、社交等多重需求。

在滨水区域亲水设施的设计过程中，应确保安全、功能与美观的和谐统一；在继承前人成果的基础上，深入分析滨水空间的自然、地理和历史特征，实现创新设计；规划时需考虑公众的心理需求，总结亲水活动模式，并根据地形条件进行因地制宜的规划设计，同时制定统一的管理和维护措施，确保亲水设施的可持续使用。本书对滨水景观设计理念进行系统梳理，主要强调以下几点。

1. 生态优先

生态优先作为滨水景观设计的核心原则，旨在强调对滨水区域自然属性的尊重与保护。在设计中，我们不仅要关注滨水区域的自然景观，更要深入挖掘其生态价值。这意味着，在设计过程中要充分考虑滨水区域的生物多样性，保护原有生态系统，避免过度开发和人为破坏。

2. 人本关怀

滨水景观设计应始终以人为中心，关注公众的需求。人本关怀原则强调在设计中充分考虑公众的审美、休闲、娱乐、教育等需求，创造舒适、宜人的滨水空间。

3. 文化传承

滨水景观设计还应关注文化传承，挖掘和传承地域文化，使滨水空间成为展示城市文化底蕴的窗口。这一原则要求设计者深入了解滨水区域的历史文化背景，将地域特色、历史文化、民间传说等元素融入景观设计中。

通过以上三个方面的发展，滨水景观设计将更好地服务于城市生态环境优化、市民生活品质提高和文化传承。

滨水景观设计是一个涉及多学科的设计门类，需要我们深入挖掘滨水空间的自然、地理、历史和文化特征，秉持生态优先、人本关怀、文化传承的理念，运用科学的设计方法和策略，打造富有特色、功能完善、生态宜居的滨水空间。希望读者在阅读本书后可以更多地关注我们赖以生存的自然环境，希望我们能够共同创造更加美好的未来。

编　者

目录

Contents

第一章

滨水景观设计概述

学习难度：★☆☆☆☆

学习方法：系统了解滨水景观设计的理论

重点概念：设计理论

章节导读

在历史长河中，水作为生命的基础，见证了众多城市的兴起，滨水区域往往成为古代城市的繁华核心地带和人类活动的聚集点。正是由于滨水区域在城市化进程中的关键地位，其规划建设不仅关系到市民的地域认同感和城市归属感的培养，而且在塑造城市美观形态、提升环境品质方面发挥着重要作用（图1-1）。深入理解滨水景观设计的系统理念，不仅有助于提升设计师的社会责任感和集体荣誉感，也能在设计中强调绿色发展和文化自信，为构建社会主义现代化城市贡献力量。在学习滨水景观设计的具体内容之前，掌握设计理念的系统知识，及其在社会主义现代化建设中的重要性，成了前置必要条件。

图 1-1　滨水景观设计实景

第一节
滨水景观设计理论

一、景观的概念

在1000多年前，景观是指一定的地区。到了19世纪初期，德国的亚历山大·冯·洪堡（地理学奠基人之一）将景观定义为“目睹的地表景色”或“某个地球区域内的总体特征”，这便成了景观的地理学概念。而“景观”一词中所包含的美学概念则是指瑰丽的美景。

景观从其含义来看，是一个比较复杂的系统，主要包含以下三个方面：景观是人类所能看到的视觉审美的对象，在空间上给人的概念是“人之外”的土地、水域等自然环境；景观同时是人类栖息、娱乐的空间，它表达了人类对土地、自然环境的态度，反映了人类的愿望和理想；景观也是人类和环境慢慢交融的系统，当人类与自然能够彻底融合时，就能达到景与人的一体化。

二、滨水景观设计的定义

从字面上来理解，滨水景观包含了两个要素：一是滨水，二是景观。

系统地讲，滨水就是邻近水的区域、场所。这个区域包含水体，也包括一部分陆地，更包括与之相关联的一切生命体与非生命体。

滨水景观设计涉及很多学科，它主要是对水域和陆地两种地理形态区域交界面进行处理，并协调人与自然环境、社会活动之间的关系，使其能够达到可持续发展的目的。

滨水景观设计是对所有与滨水区域相关的物体，包括生命体和非生命体，同时包括对物质流、能量流、信息流等进行综合处理的学科。狭义上讲，滨水景观设计是人类为满足可持续发展的需要（包括环境保护、城市扩张、农田扩大等）而再次对原地理学范畴的水域及其邻近区域进行空间的、审美的、功能的科学设计。

滨水景观设计一方面要处理好人类活动在水域和陆地这两种地理形态上的“空间活动安排”，使之具有安全、健康、舒适、美观的特质；另一方面还要处理好人类系统在纳入大生态系统后的复杂的融合过程。只有同时处理好这两个方面的关系，才算完成了滨水景观设计（图 1-2）。

图 1-2　完整的滨水景观设计效果图

小/贴/士

湿　地

湿地是指在不同时期天然或人工、长久或暂时形成的静止或流动的沼泽地、泥炭地或水域地带，或为淡水、半咸水、咸水等，包括低潮时水深不超过 6 m 的水域，还包括滩涂、河口、河流、湖泊、水库、沼泽、沼泽森林、盐沼及盐湖、海岸地带的珊瑚滩等区域。

湿地概念具有以下特征。

(1) 湿地的概念主要是从生态环保角度来论述的。

(2) 湿地是以水域为核心，以陆地部分为从属。

(3) 湿地是与人类活动有一定疏远性的区域。

(4) 湿地是适合野生动物栖息的区域。

水景在滨水景观中占据非常重要的地位，在进行滨水景观设计时，我们可以通过水景的效果特点与所需的场景相配合来设计(表 1–1)。

表 1–1　水景的效果特点

水体形态		水景效果			
		视觉	声响	飞溅	风中稳定性
静水	表面无干扰反射体（镜面水）	好	无	无	极好
	表面有干扰反射体（波纹）	好	无	无	极好
	表面有干扰反射体（鱼鳞波）	中等	无	无	极好
动水	水流速度快的水幕水堰	好	高	较大	好
	水流速度低的水幕水堰	中等	低	中等	尚可
	间断水流的水幕水堰	好	中等	较大	好
	动力喷涌、喷射水流	好	中等	较大	好
流淌	低流速平滑水墙	中等	小	无	极好
	中流速有纹路的水墙	极好	中等	中等	好
	低流速水溪、浅池	中等	无	无	极好
	高流速水溪、浅池	好	中等	无	极好
跌水	垂直方向瀑布跌水	好	中等	较大	极好
	不规则台阶状瀑布跌水	极好	中等	中等	好
	规则台阶状瀑布跌水	极好	中等	中等	好
	阶梯水池	好	中等	中等	极好
喷涌	水柱	好	中等	较大	尚可
	水雾	好	小	小	差
	水幕	好	小	小	差

第二节　案例分析
——上海徐汇滨江滨水景观设计

一、相关介绍

徐汇滨江地区，位于上海市黄浦江发展轴南端，是徐汇区加快推进城市转型发展的重要地区。规划总面积约 731 公顷，其中街道与河道面积约为 56 公顷。对于土地资源原本就十分稀缺的上海而言，徐汇滨江地区是少有的可供大规模规划开发的沿江中心城区(图 1–3 ～图 1–5)。

徐汇滨江地区现有的规划是将这一地区形成“一带”“三核”“三区”的布局。

“一带”是在龙腾大道和黄浦江之间，利用滨江公共绿地和公共开放空间形成滨

图 1-3　徐汇滨江大道

图 1-4　徐汇滨江夜景

江功能发展带，适当安排低密度的商业文化设施，充分体现生态、休闲、公共活动等功能。

“三核”是以建设产业升级和公共活动全面发展的滨江高端生态休闲商务为主的“云锦路－龙耀路核心功能区”，以滨水开敞的大公园空间为核心，发展研发、会展、商业、文化、休闲等综合功能的“枫林路－龙华路核心功能区”以及以龙华寺和龙华烈士陵园为主题，发展文化展示、宗教交流、旅游观光、休闲游憩、商业服务等功能的“龙华历史文化风貌核

图 1-5　徐汇滨江地区鸟瞰图

心功能区”。

而“三区”是指以总部经济、国际高端医疗服务为发展重点，建设高档商务楼宇与会展中心，形成大型企业总部集群，提供高端商务、会展等服务的滨江生命科学拓展区；重点发展高端商务、配套精品商业、文化展示、休闲旅游等产业，形成具备国际化水准的总部经济集聚区和高新技术服务业创新基地，成为今后经济发展新的增长点和增强综合竞争力新亮点的滨江生态休闲商务区；以及以居住为主导，复合文化、教育、休闲、体育、生态等功能的地区级滨江生态休闲居住区。

在交通方面，内环线、中环线和外环线贯穿徐汇滨江，地铁 3 号线、4 号线、7 号线、11 号线、12 号线贯通或途经徐汇滨江地区，加上“七路二隧”道路工程的建成，使得徐汇滨江的交通十分便利。

二、设计的相关内容

本案例主要以上海徐汇滨江公共开放空间来具体分析滨水景观设计。以下将具体说明其设计内容。

1. 工程概况

徐汇滨江公共开放空间属于黄浦江两岸综合开发规划区中南延伸段的重要组成部分，是 2010 年上海世界博览会配套建设工程。该项目总面积约为 404400 m^2，在完成地块内单位动迁、地上建（构）筑物拆除、地下原有管线拆除或迁移、绿化移植、场地自然平整和部分地块的临时绿化等工作基础上，主要规划建设内容为绿地景观建设，含配套建筑、亲水平台及码头改造和防洪墙体改造等。

其中，绿化景观工程区域分为休闲文化区、文化艺术区、自然休闲区三大功能区。其中绿地面积约为 283300 m^2，绿地率在 70% 以上，地下停车位 1000 个。根据该项规划，徐汇滨江区域将建设集滨江休闲、观光和绿地等功能于一体的徐汇滨水生态系统，同时提高滨水空间的亲水性、公共性和可达性，创造优美丰富、层次明晰的景观体系，构建徐汇滨江的生态环境、人文特色空间和公共活动空间（图 1-6）。

2. 设计目的

作为公共空间，首先必须满足空间开放性的要求，其次在设计时也应考虑到共生态、景观及防洪功能。徐汇滨江公共开放空间在设计时注重功能性，配备亲子平台、公共娱乐广场等，目的是让大众在公共空间中拥有休憩和娱乐的场所（图 1-7）。该滨水空间还建造了防洪带，目的是后期在发生洪水泛滥现象时能起到一定

(a)

(b)

图 1-6　上海徐汇滨江公共开放空间绿化区域实景拍摄

(a)

(b)

(c)

(d)

图 1-7　上海徐汇滨江公共开放空间实景拍摄

(e)

(f)

(g)

(h)

续图 1-7

的防御作用。

3. 未来发展趋势

徐汇滨江公共开放空间属于黄浦江两岸综合开发规划区中南延伸段，未来将有更多商业中心在此入驻。该项公共开放空间在未来会更多地兼具商业功能，并运用徐汇滨江区域丰厚的经济和科技资源，扩大该公共开放空间的绿化区域，增加亲子娱乐项目，运用高端科技提高防洪功能，并开发出更多的功能区（图 1–8、图 1–9）。

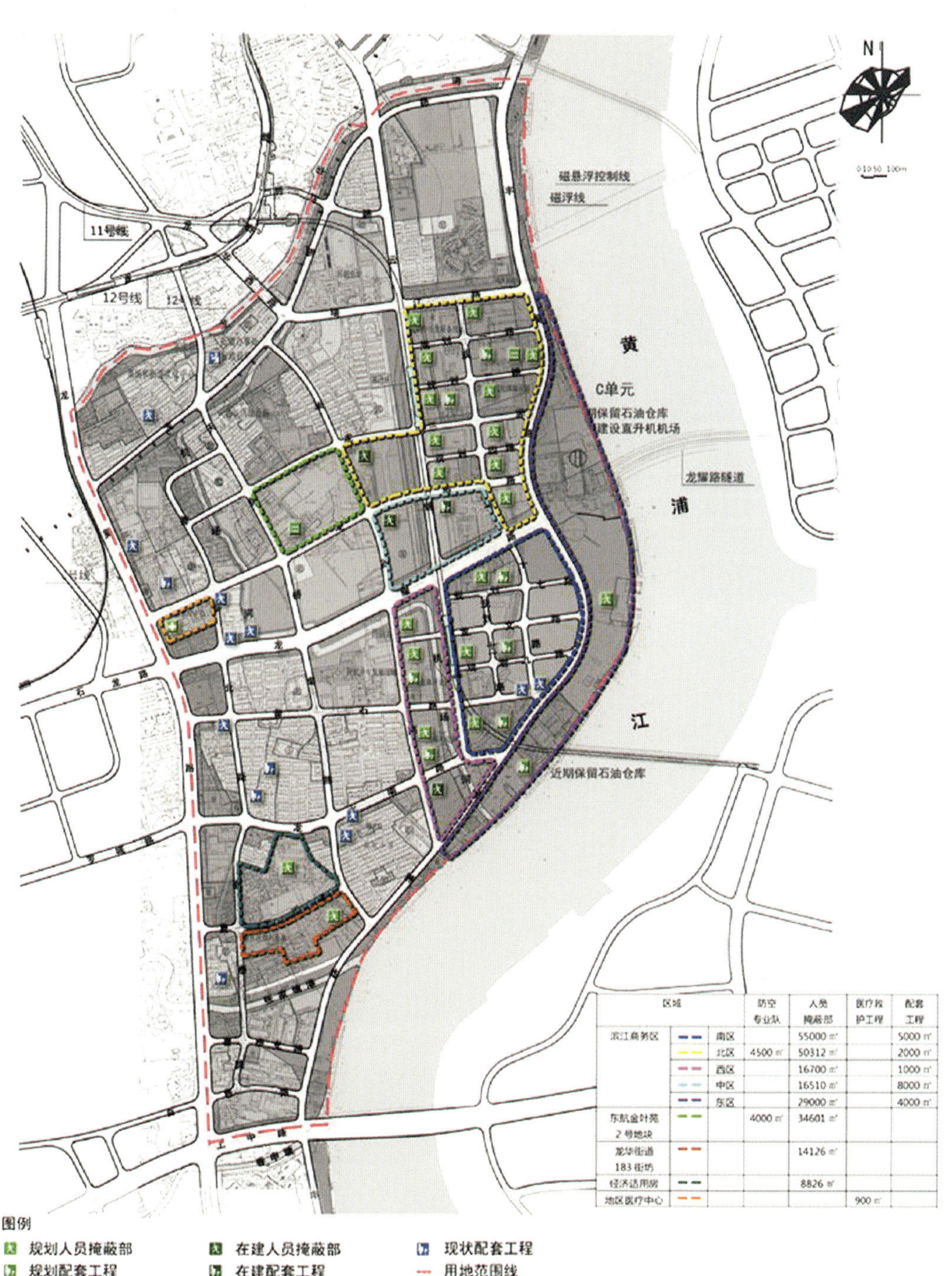

区域			防空专业队	人员掩蔽部	医疗救护工程	配套工程
滨江商务区	— —	南区		55000 ㎡		5000 ㎡
	— —	北区	4500 ㎡	50312 ㎡		2000 ㎡
	— —	西区		16700 ㎡		1000 ㎡
	— —	中区		16510 ㎡		8000 ㎡
	— —	东区		29000 ㎡		4000 ㎡
东航金叶苑 2号地块	— —		4000 ㎡	34601 ㎡		
龙华街道 183街坊	— —			14126 ㎡		
经济适用房	— —			8826 ㎡		
地区医疗中心	— —				900 ㎡	

图 1–8　上海徐汇滨江公共开放空间规划图

图 1-9　上海徐汇滨江整体图

思考与练习

1. 景观包含哪些含义?

2. 查阅相关资料，阐述湿地的相关概念。

3. 简要说明如何进行滨水景观设计。

4. 在进行滨水景观设计时需要注意什么?

5. 请结合具体设计案例，阐述在滨水景观设计中如何体现社会主义核心价值观，如尊重自然、和谐共生、公平正义等。（思政思考题）

第二章

滨水景观的设计要素

学习难度：★★★☆☆

学习方法：有逻辑地学习并查阅相关资料了解滨水景观的设计要素，理解性地学习

重点概念：构成元素、设计原则、方法与步骤

章节导读

城市滨水区域按照滨水特质的差异，可分为滨海、滨河、滨湖等不同类型。相较于自然滨水区域，城市滨水区域融合了水域与陆域两大生态系统，其生态系统构成更为复杂。城市滨水景观设计旨在针对这一特定区域进行规划设计，充分利用其丰富的景观资源和生态资源，创造宜人的亲水环境及休闲娱乐空间。城市滨水区域与人类活动紧密相连，其规划与发展直接关系到居民的生活质量与生存状态（图 2-1）。滨水区域的规划与建设不仅是城市发展的核心，更是社会主义核心价值观的直观体现。本章将重点探讨滨水景观设计的原则与方法，辅以图片与实例，展现其在推动城市精神文明建设中的关键作用。

图 2-1　亲水平台

第一节
滨水景观的设计构成元素

一、水体

水是滨水景观设计的主要对象。水体即指水的集合体，主要包括江、河、湖、海、冰川、积雪、水库、池塘等地表水，也包括大气中的水汽。水体是地球表面水圈的重要组成部分。水体不仅包括水，还包括水中的溶解物质、悬浮物、底泥和水生生物等。

依据水体所处的地理位置，大致可以将水体分为地面水水体、地下水水体和海洋水水体三类。它们之间可以相互转换。在太阳能、地球表面热能以及物理反应的作用下，水体又以三种形式出现：液态水、气态水和固态水。水体的三态变化表现了水在不同水体之间的循环变化，而滨水景观则主要是针对地面水水体的综合设计。

依据水体的三态变化，滨水景观设计也有了新的设计方向。对于液态形式的水体，滨水景观一般以轻松自在的流水为设计方向。滨水区域中各种滨水步道、亲水平台都与水息息相关。气态形式的水体主要是通过物理加热使其色彩化，在进行滨水景观设计时可以朝着艺术化的方向设计，与科技接轨，与时代接轨。至于固态形式的水体，在滨水景观设计中以冰雕为主，以展示设计为具体的设计方向，创造出让人眼前一亮的各种造型。

另外，水体自身拥有绝佳的净化能力，恰当地运用水体有助于在滨水空间内建立更完善的生态滨水基地。水体同时也具有脆弱性，很容易受到破坏和污染，因此，在明确各类水体的作用的基础上，设计师必须在设计之前明确滨水景观的发展与建设不会对水体的生态系统造成负面影响。

二、护岸

护岸一般是指在原有海岸的岸坡上采取人工加固的方式，以此来抵御微型海浪、水流的侵蚀和淘刷地下水，并维持岸线稳定。护岸按外坡形式可分为斜坡式护岸、陡墙式护岸（包括直立式）和由两者混合的护岸。斜坡式护岸的护面结构及护面范围与斜坡堤相同，坡顶为陆地面。护岸处于水陆交界边缘，是水域和陆域之间的缓冲地带。护岸不仅为人们提供亲近水的平台，还为滨水景观的环境建设作出了巨大贡献。护岸设计的好坏在一定程度上可以决定滨水区能否成为受人欢迎的休闲娱乐空间。要结合不同的功能需求设计不同的滨水景观形态，满足人们对滨水环境活动的不同要求。在规划与设计护岸时，一定要将生态性放在首位，重点强调其安全性及便利性。除此之外，护岸还必须具备治水功能，只有护岸的治水功能越来越完善，才能保证人们游玩的安全性。最后，护岸还必须要保证亲水性，可以让人们轻松、便捷地接近水，能够最大限度地实现滨水景观设计的美观性和实用性（图2-2）。

三、植物

植物元素包括水域周围以及水、陆交界处的所有植物，这些植物形成了独特的水域生态系统，并成为滨水景观良性生态链中极其重要的资源。利用水生植物可以很好地恢复滨水空间的生态特色，并不断完善滨水景观的生态保护功能。多样化的植物配置也为滨水空间增添了不少色彩，提高了滨水景观的整体美感。处于水、陆边际处的滨水地区，水生植物较纯水区域的品种更为丰富。水生植物的不同类型给予了滨水景观不同的选择方向，也形成了不同的生态效应，这些都使滨水景观成为城市中景色优美宜人的地区。同时，水生植物所形成的滨水绿地还具有良好的亲水性、舒适性和功能性，既能满足现代人的生活、娱乐等需要，也能不断完善和美化滨水景观的生态环境（图2-3）。

四、滨水建筑

滨水建筑是指滨水区域内或周边具备

根据水生植物的生活方式，可将其分为挺水植物（荷花等）、浮叶植物（睡莲等）、湿生植物（蒲草等）、沉水植物（黑藻等）、漂浮植物（浮萍等）。

(a)

(b)

图2-2　护岸

图 2-3　滨水景观中的水生植物

不同功能的建筑物，这些建筑因其使用功能和设计特色为滨水景观提供了许多设计元素，对滨水景观设计产生了很重要的影响。滨水建筑一般具备航运交通功能、休憩旅游功能、休闲娱乐功能、居住功能、共享功能等，如港口、码头、酒店、高档住宅区、滨水广场、滨水大道、亲水步道、跨水桥梁、驳岸等。这些建筑都是滨水景观中十分重要的设计要素。由于建筑的密度和形式都关系着滨水区域与城市景观轮廓线的形成，而且滨水区域的建筑物都是可视的，因此在进行滨水景观设计时应该将滨水区建筑设计得更具平衡感。

滨水建筑要保持设计平衡。第一是色彩上的平衡，滨水区域的建筑物在设计时要提前定准一个基础色调，可以在此基础上进行修改，但是色彩不能过于跳跃。第二是外形轮廓上的平衡，这意味着在设计滨水区建筑物时要注意统一，外形轮廓不应太突兀，各种建筑物整体比较协调。第三是密度的平衡，滨水区建筑物在密度上可以对称平衡，也可以不对称平衡，但两边差异不宜过大。

在滨水区域应该适当降低建筑密度，要注意建筑与周围环境相结合。建筑高度应在城市整体规划设计的基础上进行设计，并且在滨水沿岸区设置适量的观景场所，观景场所的高度和密度要控制好，确保每一个观景场所都能看到绝佳的美景。从宏观上看，这些观景场所能够形成比较统一、和谐的建筑轮廓线，给人较好的视觉效果。滨水空间的建筑和街道的布局还应该留出一些可以到达滨水绿道、亲水平台的便捷通道，方便人们游玩和前往其他滨水空间。另外，将滨水建筑物与街区连接，增强其公共开放功能，也有助于开发一个新的街区或者地区，这也从另一方面强调了城市规划设计的重要性（图 2-4）。

(a) 亲水步道

(b) 滨水广场

(c) 滨水景观

(d) 驳岸

(e) 亲水设施

图 2-4　滨水区建筑物

小/贴/士

自然滨水景观分类

自然滨水景观是指在地壳构造运动过程中形成的不同地形、地貌条件的滨水景观，其分类如下。

1. 海洋景观

海洋景观是自然滨水景观类型中最具多样性和美观性的自然景观。海和洋之间存在差别。海是海洋的边缘附属部分；洋是海洋的中心部分，是海洋的主体。

2. 湖泊景观

湖泊主要是由陆地上洼地积水形成的水域比较宽广、流速缓慢的水体。在地壳运动、冰川作用、河流冲刷等地质作用下，地表形成许多洼地，积水成湖。按湖盆可以分为构造湖、冰川湖、火口湖和堰塞湖等；按湖水排泄条件可分为外流湖和内陆湖。

3. 河流景观

河流景观因其流域地形结构、气候条件、流域面积、流域长度等的差别，显示出无比多姿的景观风貌。

4. 湿地景观

广义上的湿地被定义为地球上除海洋（水深 6 m 以上）外的所有大面积水体。狭义的湿地一般被认为是陆地与水域之间的过渡地带，泛指暂时或长期覆盖水深不超过 2 m 的低地、土壤充水较多的草甸，以及低潮时水深不超过 6 m 的沿海地区，包括各种咸水和淡水沼泽地、湿草甸、湖泊、河流以及洪泛平原、河口三角洲、泥炭地、湖海滩涂、河边洼地或漫滩等。

第二节 滨水景观的设计原则

一、环境优先原则

环境优先原则也被称为环境可持续发展原则，大自然赋予了人类丰富的创造灵感，为人类创造景观提供了丰富的资源。

环境优先概念最早可追溯到 17、18 世纪英国自然风景园的创作。这种风景园主要以开阔的草地、自然种植的树丛、蜿蜒的小径等为特色。当时资本主义的生产方式使环境恶化，因此人们愈加向往开朗、明快的自然风景。英国本土丘陵起伏的地形和大面积的牧场风光为自然风景园提供了典型范例，社会财富的不断积累也为园林建设提供了物质基础。这些条件共同促成了独具一格的英国自然风景园。当时的设计师也尽量遵从自然的发展，反对人为的轴线、被修剪过的植物、花坛、雕塑、喷泉等矫揉造作的、不自然的园林设计。

由于改革不够彻底，人们的思想还被禁锢着，景观设计师提出的关于自然风景园的设计原则和手法没有得到普及，当时的设计手法主要还是风靡欧洲的几何造园手法(图 2-5、图 2-6)。到了 1969 年，生态设计之父伊恩·伦诺克斯·麦克哈格提出了设计应注重环境保护，标志着生态景观学理论的诞生。他还牵头创立了宾夕法尼亚大学风景园林设计及区域规划系，并提出了以适应自然特征来创造人类的生存环境的必要性和可能性，提出了土地利用的新规则：以适应为最高准则。

进入 21 世纪，环境优先原则的内涵又有所扩大，景观设计不仅仅只停留在生态保护、环境保护层面，还提升到可持续发展的层面上。这里所说的“可持续发展”是指“既能满足当代人的需要，又不对后代人满足其需要的能力构成危害的发展。它包括两个重要概念：需要的概念，尤其是世界各国人们的基本需

麦克哈格在他的著作《设计结合自然》一书中首次提出运用生态主义的思想和方法来规划和设计自然环境的观点。该书于 1971 年获得全美图书奖。

图 2-5　英国自然风景园

图 2-6　运用几何造园手法进行设计

要，应将此放在特别优先的地位来考虑；限制的概念，技术状况和社会组织对环境满足眼前和将来需要的能力施加的限制”（联合国《我们共同的未来》报告，1987 年）。在未来的滨水景观设计中，设计师应该将环境优先原则放在首位，并运用不断发展的科技来完善滨水景观设计。

小/贴/士

滨水区域设计原则

1. 滨水区域空气环流设计原则

滨水区域空气环流设计原则具体体现在进行滨水景观设计时可设置缓冲区——湿地带，即在适当尺度上布置岛屿型陆地，调节局部温差梯度，或在岸边的适当区域设置水面扩展区、“微阻风带”（可布置成景观林带）等。

2. 滨水区域生物活动协调原则

滨水区域生物活动协调原则体现在对滨水区域进行景观设计时一定要运用“基质—斑块—廊道”理论及其衍生出的一些方法（如趋势表面和阻力模型、生态环境评价法等）来设计安全生态空间格局，并利用该理论对本地区范围内的斑块、廊道的基本宽度、连续度、间距等进行量化工作。

3. 滨水区域水利改造原则

滨水区域水利改造原则具体体现在以下几个方面：尽量减少硬驳岸的设计，尽可能采用生态驳岸；在进行软驳岸的设计时，可以考虑在垂直高度上进行分层，层层设防，用来减少洪水对驳岸的冲刷力，增加驳岸的生命年限；漫滩的设计要注意截水、过水度的计算，同时也要考虑自净功能的设计；蓄洪池的设计力求实现实用性与美观性相统一；在设计水闸时一定要经过多方面的科学论证，确保安全性后才能投入使用。

二、保护与开发平衡的原则

滨水景观设计要遵守保护与开发平衡的原则，在进行滨水空间各类设施的建设时，必然会与滨水区域的自然生态环境产生冲突。城市经济发展的不断加快，促使滨水区域趋向商业化，各种滨水广场以及拥有休闲、娱乐、商业功能的滨水景观区不断被开发，自然水体受到冲击。因此在进行滨水景观区域的建设与开发时一定要做好综合评估。要平衡开发与生态保护之间的矛盾关系，必须以生态保护为优先原则，适度开发，并以开发所带来的经济效益为引导，结合宣传教育，达到促进生态环境保护的目的。

三、防洪原则

滨水景观设计除了要满足休闲、娱乐等功能外，它还必须满足防洪原则。

防洪原则具体表现为在滨水景观中建设具有防洪功能的护坡、护岸等。可以利用水域旁自然生长的植物使之形成一条保护带，也可以利用各类石材在水域旁建立护坡、护岸。当有洪水来袭或者在涨水期时，这些护坡和护岸都能起到一定的防洪作用。自然生长的植物型护坡可以减缓流水对泥土的冲刷，有利于巩固河床，不同类型的石材还能带来丰富的视觉体验。另外，各类水生植物还能给水生生物提供食物和栖息地，有助于物种的繁衍。在枯水期或者雨水少的时候，水生植物和亲水的乔木也能美化堤岸的环境，同时还可以为游客提供休憩的场所，使游客更加贴近自然，能够感受到大自然的气息（图 2-7）。

四、亲水原则

所谓亲水即是指触碰水、接近水、感

图 2-7　具备防洪功能的滨水景观设计

受水。水是大地之源，人类的生活也与水息息相关。几千年前，人类文明的起源就与水相关，城市、乡镇大都依水而建。商业的起源也是从水开始，郑和下西洋显示了航运的快速发展，各种水利建设为人类带来了更多的能源。在如今科技发达的时代，我们的生活也更需要水，如饮用水、生活用水等。在进行滨水景观设计时，我们必须要遵循亲水原则，要恢复人与水之间的亲切感，这也是恢复人类发展与水域生态之间的和谐关系的重要原则(图2-8)。

五、植物多样性原则

滨水区域中的绿色植被在改善城市气候和维持生态平衡方面起着很重要的作用。增强植物多样性可以促进自然循环，还能保护生物多样性。植物种类的增加使滨水区域更具有层次感；植物不同色彩的组合也为滨水景观增添了不少亮点。滨水景观植被设计应该注重植物多样性原则，增加植物品种，创造不同的层次感，增加植被覆盖率。滨水景观的整体绿化应采用自然化设计，植被区搭配时可以按照色彩来均匀排列，还可以按照高低差来进行自由搭配，但要符合植物群落的结构和生长特点(图 2-9)。

六、空间层次丰富原则

丰富空间层次有两种设计方法：一种是采用软质滨水景观设计；另一种是采用硬质滨水景观设计。软质滨水景观设计是在种植灌木、乔木等植物时，运用沙土等偏流动性的物质形成一定的高度差，再按

图 2-8　遵循亲水原则的滨水景观设计

图 2-9　遵守植物多样性原则进行滨水景观设计

照植物的特色来进行立体种植；硬质滨水景观设计则是运用石材等硬质材料搭配植物，形成上下层平台或者道路等，来进行空间转换和实现空间高差，以丰富空间层次感(图 2-10)。

七、美观和实用原则

滨水景观设计还有一项很重要的原则就是美观和实用原则。滨水景观属于公共开放空间，是供市民和游客们休闲、娱乐、观赏的空间。在进行滨水景观设计时设计师若只追求美感，忽略实用功能，这种设计最终会被淘汰。经济水平的提高促进了人们思想境界的提升，美观与实用并存才是时代的设计主题。在进行滨水景观设计时，应该将滨水景观的审美功能与实用功能创造性地进行结合，在设计时要重点强调滨水景观的公共性，各类设施的功能实

(a)软质滨水景观设计

(b)硬质滨水景观设计

图 2-10　遵守空间层次丰富原则进行滨水景观设计

用性与美观性，创造让人们流连忘返的生态化休闲娱乐空间(图 2-11)。

八、突出滨水空间公共性的原则

经济的快速发展促进了商业的不断进步，城市滨水区域作为公共开放空间必定会成为开发商进行商业拓展的首选之地。而商业开发大部分都是建设度假胜地、小区别墅、培训机构或是大型商场等，这些房产项目的建设将带来很多生产垃圾，对滨水区域的整体性产生不良影响，这在一定程度上会影响公众亲近水体及进行其他活动。因此进行滨水景观规划建设一定要强调滨水空间的公共性，以服务大众、维护社会公益为首要的规划目的，并在规划中将各类亲水空间和公共活动空间纳入其中，建设一个可以促进公众积极参与公共生活、方便公众交流的滨水场所。

九、安全与城市功能相结合的原则

一个理想的滨水环境应该美观与实用

图 2-11　遵守美观与实用原则进行滨水景观设计

同存，安全与城市功能同存。实现滨水区域的安全功能在于建设各类安全设施，例如亲水平台的护栏、防滑的石台阶。安全功能不仅包括应对洪水的功能，还应包括应对诸如地震、火灾等其他自然灾害的功能。这种安全功能的完善让人们在滨水区域玩耍时不会有后顾之忧。而城市功能的实现则在于满足人们在城市中生活的基本要求，衣食住行样样要考虑到，还要满足人们的各种精神需求，例如审美需求、娱乐需求等，可以建设相关的娱乐设施，例如有特色的石材造型，以满足公众的需要。

同时，亲水设计和城市功能也应互相呼应，滨河绿道、骑行道等设施的设置应因地制宜，不可千篇一律。这些设施应在实现安全功能的前提下建立合适的系统，除了要控制整体规模和数量，还需要控制使用量，要考虑安全功能和城市功能之间的关系，以便达到二者的和谐统一。

十、积极推动公众参与的原则

滨水空间建设最终的使用者是公众，受益者也是公众。滨水景观的设计与规划不应生搬硬套，一板一眼。在规划设计之前，相关部门要集思广益，充分听取公众的意见和建议，要了解公众需要怎样的滨水空间，滨水空间应具有哪些特色，然后综合相关专家的意见，不断调整滨水景观的设计理念，因地制宜，选择适合的设计方式。设计师在设计时要呼吁公众积极参与滨水景观的建设，提高公众对滨水景观的建设热情，进而提高滨水景观建成后的使用率。相关部门也可以成立相关行政辅助、专家领衔的民间管理机构，并组织公众积极出谋划策，还可以采用义工的方式，让公众来管理和维护滨水空间，使公众真正成为滨水空间的参与者和使用者。

十一、系统与区域原则

滨水区应提供具备多种功能的区域，例如林荫步道、儿童娱乐区、音乐广场、游艇码头、观景台、赏鱼区，还可以结合人们的各种活动组织室内外空间，运用点、线、面相结合的方法来进行系统化的设计。点是重点观景场所或被观赏对象，例如重点娱乐设施、重点环境小品、古树；线是指以林荫道为主体贯通整个滨水空间的设计主线；面是指在适当的地点进行节点的重点处理，在主线的周围扩展开的较大的活动绿化空间。点、线、面结合使绿化带向城市扩散、渗透，并与其他城市绿地元素构成一个系统、完整的滨水空间（图2–12）。

十二、多目标兼顾原则

城市滨水区的整治不仅仅是为了解决防洪的问题，还包括改善水域的生态环境、提高江河的亲水性、增加滨水地区土地利用率等一系列问题。滨水景观的规划设计必须合理分区，并提供多样化的景观，依据特色布置游览路线，以满足现代城市生活多样化的要求。

十三、文脉延续原则

文脉延续原则也称为人文体现原则。滨水景观设计要将自然景观整治与人文景观保护利用相结合，维护历史文脉的延续，恢复和提高景观活力，塑造城市的新形象。滨水景观设计还应充分尊重地域性特点，

图 2-12　遵守系统与区域原则进行滨水景观设计

与文化内涵、风土人情及传统的滨水活动相结合，以人为本，形成独具一格的滨水景观特色，让人们共享滨水的乐趣。

天下无相同的河流、湖泊和水塘。每个池塘、每条江河都有其自身特质。这不仅仅是说它们的自然条件不同，更主要的是表述其在人类活动范畴中所形成的特质不同。人类赋予了它们不同的外在特性，所以滨水景观的规划、设计和建造不能脱离当地的文化与审美情趣，不能割裂传统。我们不能因过于强调科学数据的采集、分析而忽视了文化、艺术的内涵和表达。

小/贴/士

水景景观设计原则

在水景景观设计中，我们应该遵循以下几项设计原则。

1. 与环境相协调

进行水景景观设计时应先研究环境的要素，再确定水景的形式、形态、平面及立体尺度，实现与环境相协调，形成和谐的量、度关系，构成主景、辅景、近景、远景的丰富变化。

2. 注重生态环境的培养

小溪、人工湖、喷泉都有降尘、净化空气及调节湿度的作用，尤其能显著增加环境中的负氧离子浓度，使人感到心情舒畅，具有一定的保健作用。

3. 专业技术协调一致

水景景观设计分为以下几个专业：土建结构（池体及表面装饰）、给排水（管道阀门、喷头水泵）、电气（灯光、水泵控制）、水质的控制。各专业都要注意实施技术的可靠性，为统一的水景效果服务。

4. 设法降低运营成本

滨水景观的总体设计不仅要考虑最佳效果，同时也要考虑系统运行的经济性。在进行设计时采取优化组合、动与静结合、按功能分组等措施降低运行费用。

水景景观设计不仅要具有科学性，还要满足人们对水的趣味性的需求，使人们身临其境，激发人们对自然和人工景观的兴趣。

另外，我们在进行滨水景观设计时还要注意以下几个方面。

(1) 要重视地表肌理、水景与其他景观元素之间的协调关系。这是说在进行滨水景观设计时，我们要突出水景的特色，同时要将地表肌理的特点也表现出来，尽量保持其原有的地形特色。

(2) 要注重滨水景观设计的生态性。生态的破坏会造成无法预料的后果，滨水景观建设最初的目的也是维护生态稳定。

(3) 要强调滨水景观的可亲性与共享实用性。这主要体现在设计时要同时考虑滨水景观的公共性与私密性，将岸线建设成一个具备共享功能的公共区域，并同时具备极佳的观赏性。

(4) 要重视滨水区域的开敞性，尽量采取措施扩大观水景观范围。在设计中要把握水际线、滨水地面岸线与天际线、建筑轮廓线之间的关系，临水面不宜有高大建筑，注意建筑轮廓线的层次感，保证滨水地区的开敞性。

(5) 要重视岸线断面的设计，岸线断面的布局应在满足防洪和护岸工程的前提下，综合考虑景观、休闲散步和亲水等因素，根据不同水位采取不同的布置方式。

第三节　滨水景观的设计方法

一、生态设计

由于时代的局限性，早期的滨水景观设计更多注重视觉和美学方面的特征，往往会忽视生态方面的内容。19 世纪末，美国的景观设计师吉尔摩·戴维·克拉克开始在设计中运用自然植物群落隔离车道等，体现地方景观特色，这一设计方法在戴维·克拉克在设计纽约布朗克斯河公园时，发展出了菱形坡道及四叶苜蓿状立体交叉道的早期实例。

当时得到推崇。

随着工业革命的开展、社会经济的进步，人们思想不断得到解放，生态保护的理念被列入滨水景观设计的规划章程中，关于生态建设、生态自然保护的书籍不断涌现，生态设计的理论和方法在滨水景观规划设计中也逐渐系统化、成熟化。

滨水空间具有两大类生态系统：水生系统和陆生系统。水域和陆域不同的生态特征使两者相连接的区域形成了一个水陆交汇的生态系统。因此，滨水空间中，特别是水域和陆域交接的区域，生态环境较为敏感，我们在进行具体的规划和设计时应该以生态学为基本指导思想，积极主动地运用生态设计的方法来开展工作，可以通过一系列生态学的途径，充分发挥生态服务的功能，完善滨水环境生态系统（图2-13）。

目前，滨水景观设计中所运用的生态设计方法主要包括基础生态学和景观生态学的设计方法。其中景观生态学的设计方法在滨水景观设计中的应用范围较为广泛，该设计方法主要提倡系统化的生态建设，即滨水景观设计应当遵循系统规划的思想，从整个流域或更大的生态系统出发来进行具体细节的规划设计。

图 2-13　运用生态设计法进行滨水景观设计

小/贴/士

滨水空间景观系统分类

滨水空间景观系统分类主要有以下三个层面：景观形象（滨水区意象分析与景观视线分析）；景观行为（景观游憩规划）；景观环境生态（绿色通道网络）。

在实际的滨水空间设计项目中，最终目标便是在满足视觉及功能要求的基础上建立绿色廊道生态网络。

二、功能设计

功能设计法也称为人文主义设计法，这表明功能设计法是以满足人的需求为主要设计目标来进行设计的。

滨水景观属于公共开放区域，使用者是人，因此在设计时就要考虑到人的各种需求，包括生活需求和精神需求。

根据功能设计法“以人为本”的基本准则，结合公众的各项需求，将滨水区域划分为以下五类场所：观赏风景的场所，例如观景台、滨水绿道等；休闲游憩的场所，例如钓鱼、划船、观鸟、露营的场所；娱乐锻炼及保健场所，例如散步、慢跑、日光浴的场所；购物游览场所，例如特色购物街、特色商品廊等；进行科普教育及宣传观演的场所，例如观赏水鸟、水生动物和水生植物的场所（图2-14）。运用功能设计法进行滨水景观设

图 2-14　“以人为本”的滨水景观

计时应注意避免单一的环境，应创造功能多、灵活度高的滨水活动空间。

三、文脉设计

历史上许多港口都起着连接交通运输和文化交流的作用，在漫长的历史长河中也留下了许多深刻的印记，这些印记使得这些港口均具有自身的文化特色（图 2-15）。要灵活运用场地文脉法来进行滨水景观设计，首先要扎根于延续特定场所的历史和乡土文化，挖掘场地环境的历史文脉，收集各种历史信息作为设计参考。

历史、文化以及生存环境在一定程度上会对地域特色产生影响，在进行设计时，我们应平衡这三者的关系。最重要的一点是要注意挖掘和继承地方文化、历史、自然环境的特质，另外还应特别重视上述环境要素与人文环境之间的和谐统一。设计师在进行滨水景观设计时要预先搜集相关的资料，做好充分的准备。

四、城市设计

纵观历史，东西方许多城市都依河而建。武汉素有“九省通衢”之称，世界第三大河长江及其最大支流汉水横贯武汉市境中央，将武汉城区分为三个不同的区域；法国巴黎的城市建设以塞纳河为中心，道路呈辐射状沟通城市交通网络，四通八达；伦敦的泰晤士河由西向东贯穿全城。由此可见，河流的生机与城市的兴衰一般具有直接的联系，滨水地区也成为城市中充满生机的环境载

图 2-15　运用场地文脉法改造的港口

体和经济社会载体，对城市复兴也起到很重要的作用，因此，滨水景观设计是城市设计中非常重要的一部分。

滨水空间是人们重要的公共活动空间和生活空间，成功的滨水空间设计就是做到与城市肌理完美结合(图 2-16)。依据城市设计法进行滨水景观的设计，让设计更生活化和具体化。

(a)

(b)

图 2-16　与城市肌理相结合的滨水景观设计

五、综合设计

在今天，经济的多元化发展以及人们需求的多样化明确了滨水景观设计的方法，在滨水景观设计中不能只从一个方面进行单一的设计，这样太片面化，不能适用于大众，也不符合时代的发展潮流。在进行滨水景观设计时，我们应该综合看待问题，从多方面考虑设计的可行性，例如设计应该满足的要求有哪些，设计的经费应该控制在什么范围内，设计完成后对公众有哪些影响，设计的使用年限有多久，建设过程中出现事故该如何解决等。我们

小/贴/士

滨水空间环境范畴

1. 注意滨水空间的红线范围

这里所说的红线范围是滨水空间规划设计的核心地带，也是规划与设计的重点，具体涉及水域、水边际、防洪区域和堤岸等各个空间界面。在进行滨水景观的规划设计时应重点考虑以下几点：

(1) 保证舒适性原则；

(2) 注重滨水空间的安全性；

(3) 景观及各个功能区域的设置要合理；

(4) 保证水面宽度、水流速度、堤岸强度等水利工程学方面的技术合理性；

(5) 注意投资价值的合理性和日常管理的高效性。

2. 滨水空间的外围衔接

滨水空间的景观设计不仅要考虑设计红线内的规划设计重点，还必须兼顾周边环境。滨水空间的外围发展必须合理控制整体开发强度，并将不可开发区、严格控制区和控制区进行严格划分，特别要严格控制危害水体补水和水体净化的区域。

3. 滨水空间的控制范围

在滨水景观设计的传统规划体系中，一般会沿水体边界圈出一部分区域作为滨水空间的生态保护控制区域，并且会严格控制人工建设的开发强度和功能，限制建筑密度，以此来维护滨水空间的生态平衡。未来，设计师在进行设计时应扩大生态保护空间的控制范围，全面进行滨水景观设计。

必须运用多种设计方法，综合多种要素进行设计。

我们首先要了解滨水空间的构成要素，主要有水体、滨水环境要素、人类活动、动植物以及场地特征。由于滨水空间具有多样性的特点，例如生态系统多样性、地貌多样性，因此，在进行滨水空间设计时要从自然、社会、经济三个层面综合考虑，另外也可以综合与滨水景观设计相关的学科来进行设计。设计内容涉及社会学、水利学、地理学、环境学、生态学、民俗学、规划设计学等多个学科领域。多样化、多功能、灵活性、生态性都是当代滨水空间设计追求的目标，因此设计师在进行滨水景观设计时可采用综合设计法进行设计。

第四节 滨水景观的设计步骤

一、收集资料

1. 获取地形图和勘测文件

在进行滨水景观设计时，设计师可以通过其他相关部门获取信息，以减少工作量。专业人士的数据也为滨水景观设计师的工作提供了科学依据。科技的进步促进了设计的进步，卫星勘测技术将勘测文件变得快速化、立体化，也为设计师节约了很多精力。设计师通过勘测文件了解当地地质土壤的垂直分布特性及发育状况、地下水的初步情况和一些特殊的地貌信息等，并通过设计表现出来（图 2–17、图 2–18）。

图 2–17　地形图

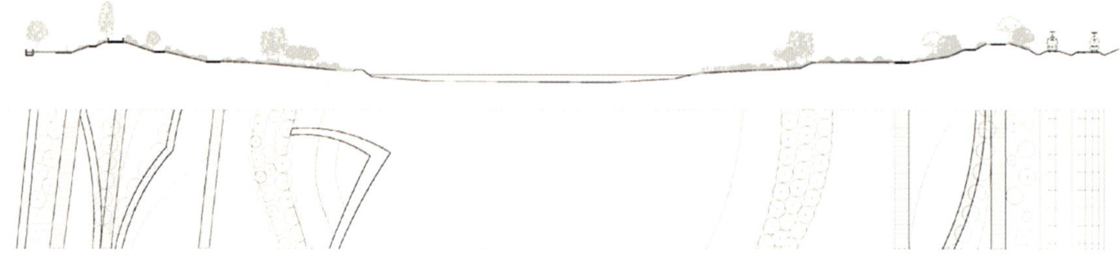

图 2-18　勘测文件

2. 现场勘察

勘测文件能提供给设计师的仅仅只是一些数据文件，这些只能勾勒出滨水景观的设计雏形。很多细节在地形图和勘测文件中可能没有显现出来，设计师无法对地形表面的肌理特点以及周围的生态环境状况进行分析。这样设计会片面化，大大降低实用性，所以设计师一定要去现场勘察。

设计师只有经过现场勘察才能建立最直观、最真实的印象，因为这样的了解是真实的、多方位的，它包含了设计师对空间的感知，人类活动留下的信息和自然固有的信息之间的交织和碰撞，还包括了人文历史的沉淀与累积等，这些信息都是勘测文件不能体现的。

3. 其他资料、信息的收集

除此之外，设计师还要了解当地的风向、水位、水文、河流年变化情况、气候、寒暑变化情况、植被资源、动物资源，并且查看当地是否有水利设施等，这些都会为设计师进行滨水景观设计提供辅助信息。

二、确定设计核心目标

1. 确定目标

在进行滨水景观设计之前，首先要确定滨水景观设计的环境目的、社会目的以及经济目的。

(1) 环境目的。滨水景观设计的环境目的是维护生态环境的平衡，减缓生态系统衰败的速度，以提高整个城市滨水区域的环境品质（图 2-19）。

(2) 社会目的。滨水景观设计的社会目的是传承历史文化，改善人与自然之间的矛盾关系，修复人与水之间的亲近关系，为人们生活提供娱乐、休闲、文化交流的场所（图 2-20）。

(3) 经济目的。滨水景观的建设可以带动商业的发展，为城市的复兴和经济崛起作出贡献。

2. 明确重点

设计师在进行滨水景观设计时一定要明确设计的重点是保护并合理开发滨水空间，在有限的空间内为人们创造安全、舒适、美好的滨水空间。

3. 设定设计流程

设定设计流程在于根据设计目的和设计重点，制定相应的步骤来调研分析，细化滨水景观设计流程，减少设计工作量。可以按照不同的设计阶段来划分设计流程，也可以根据设计所需的时间来进行划分。总之，设定设计流程能够更好地帮助

图 2-19　保证景观环境目的

图 2-20　保证社会目的

设计师展开设计，使设计变得更具有条理性、逻辑性。

三、对环境对象进行分析

1. 环境要素分析

要进行环境要素分析首先得了解环境要素，然后再根据其特色具体分析。

(1) 自然景观。一般指滨水区域周围景观，设计时主要分析其中的山石、溪流、桥梁、植被、地形以及环境特色等。

(2) 自然环境。指在正常情况下的生态环境，设计时主要分析气候、气温、降水量、主导风向、日照、地形等。

(3) 人工环境。一般是指人工构筑的环境，设计时主要分析土地使用、建筑物和构筑物、市政基础设施、屋外设备安置等状况。

(4) 周边公共服务设施。主要包括运动设施、文化设施、商业服务设施、公交车站、标识等，设计时主要分析这些公共设施的使用人群、磨损率以及使用频率。

(5) 周边交通现状。可以调动以往的交通记录查看通车量，分析范围主要包括周围街道空间容量、公共交通状况和停车场容量等。

(6) 条件和倾向。在设计时可以观察周边自然景观的特色，可以综合这些特色来进行设计，另外还要分析有利的自然环境要素和公共服务条件，了解清楚需要克服的困难。

2. 社会要素分析

(1) 人口的社会属性。主要分析人口增长率以及外来游客增减情况。

(2) 相关活动。主要分析休闲活动和文化活动的人群和频率。

(3) 社会安定性。主要分析景观场所事故发生率以及相关防护部门的作用率。

3. 经济要素分析

(1) 土地和设施的所属情况。主要分析土地的所属权以及设施的盈亏比。

(2) 其他要素。主要分析与滨水景观建设相关的房产、商业等的空置率和投资动向。

4. 调研对象分析

(1) 使用者。主要分析使用者的年龄、性别、职业、家庭状况、使用距离、使用频率、使用理由和满意度等。

(2) 潜在使用对象。明确潜在使用对象的人群并分析其年龄、性别、职业、家庭状况、生活习惯、使用意识和条件要求等。

(3) 管理机构和群众组织。了解管理机构和群众组织的要求，并分析提出这些要求的目的、原因等。

四、场地分析与评估

场地分析与评估主要从以下三个方面展开。

(1) 调研结果的分析整理。

根据调研结果绘制出相应的图表，依据图表可以找出场地的主要景观特征，从而发掘滨水景观空间环境的显在价值和潜在价值，为滨水景观建设打下基础。滨水空间所具备的吸引力能够提高建设完成后的使用率，其中滨水景观的吸引力包括以下内容：①自然景观的魅力，包括潺潺的溪流、宁静淡雅的湖泊、蔚蓝壮阔的大海等；②自然环境的魅力，包括巍峨的远山、层次丰富的植被、缥缈的云雾、绚丽的夕阳等；③水流姿态的魅力，包括平淡静谧的水面、飞流直下的急流、跳跃飞舞的浪花等；④丰富的动植物的魅力，包括品种丰富的鸟类、昆虫、鱼类，色彩绚烂的水生植物等；⑤亲水活动的魅力，包括各类富有创意的亲水平台、丰富的休闲活动，例如垂钓、散步、野营等。

(2) 利用科技分析景观环境条件。

通过场地分析法或者 GIS 分析法，利用数据和计算机辅助技术，客观地分析场地景观环境条件，完成比较符合大众需要的滨水景观。

(3) 创建环境评估报告。

依据分析创建环境评估报告，确定无任何影响再进行下一步设计。

五、确定设计概念

设计概念主要从以下四个方面确定。

(1) 确定滨水景观设计思想，并做出相应的设计规划。

(2) 依据对数据分析得出的结果，制定可以满足公众需求和环境保护要求的设计条件。

(3) 进行滨水景观设计时要注意将亲水原则和生态保护原则放在首位，可以根据公众的使用要求、使用人群和使用频率将亲水活动区进行细致的分类，保证区域调整和功能要求不会产生冲突，这也有助于商业街区的划分。除此之外，设计亲水活动区时一定要注意相关安全设施的建设与维护，要按期检查，定时更新。

(4) 滨水景观的设计要从两方面考虑：一是公众活动区域的规划，二是生态保护区的规划。公众活动区域的规划主要是相关设施的建设，包括运动设施（篮球场、足球场、自行车道等）；休闲设施（座椅、散步道、游乐园等）；亲水设施（亲水栈道、亲水平台等）（图 2-21）；安全设施（安全疏散广场、应急装置等）。生态保护区的规划包括根据特殊滨水空间的生态特征，如候鸟迁徙的规律、珍稀动植物生长的环境特色，来建立相关观察和研究设施。

六、进行深化设计

进行深化设计主要从以下五个方面展开。

(1) 依据资料制作滨水景观设计的总平面图和相关模型（图 2-22）。

(a)

(b)

图 2-21　规划亲水活动设施

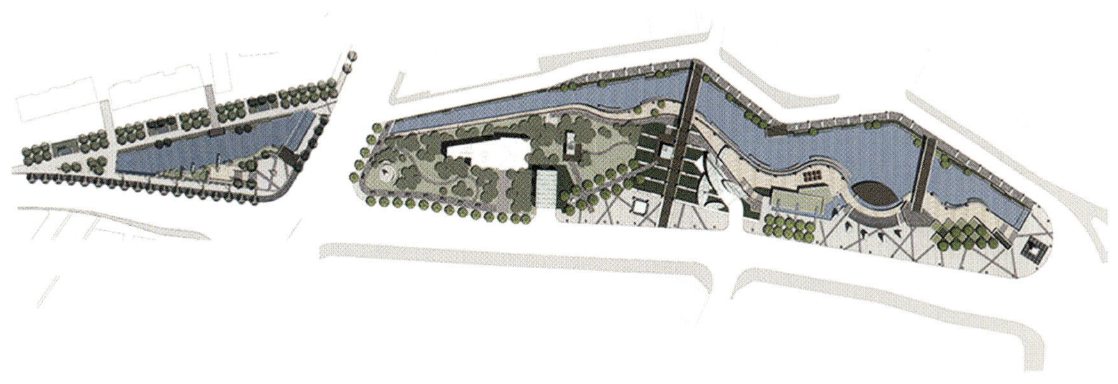

图 2-22　滨水空间的景观设计总平面图

(2) 细化设计各个功能空间，明确各个空间的具体设计要求。

(3) 深化安全和疏散应急设计，可以设置紧急避难场所和安全防护装置。

(4) 设计艺术作品，提高环境观赏性，例如雕塑。

(5) 完善绿化带、道路、护坡等设计细节。

七、预测与修正设计

预测与修正设计主要从以下三个方面展开。

(1) 开展研讨会，推测滨水景观建成后将对滨水生态环境产生的影响，是否能达到改善地区形象和景观环境品质的目标等，并进行综合环境预测，研读评估报告，及时调整规划与设计方案，完善设计方案，为滨水景观的建设提出正确的修正意见。

(2) 多听取相关管理部门、群众以及社会团体的意见，设立综合管理部门，以便提高管理便利性，节约管理成本。

(3) 多采取使用者、未来使用者的意见，并综合归纳，将意见列入滨水景观设计的章程中。

八、与相关设计案例进行对比分析

相关设计案例对比分析步骤如下。

(1) 分析类似的优秀设计案例，结合设计条件，设计出更优质、更完善的滨水景观。

(2) 收集并整理滨水空间相关的细节设计，例如护坡、驳岸、滨水道路铺装、环境色彩搭配，积极开拓设计思路，完善细节方案。

小/贴/士

公众参与主导的滨水景观规划注意事项

公众参与主导的滨水景观规划注意事项如下。

(1) 建立有效的团队机制。由行政管理机构、公众代表组织和专业规划设计师组成项目执行机构，三方成员各司其职，通力合作。

(2) 分阶段、循序渐进地教育并鼓励民众积极参与规划设计活动。

(3) 推动专业规划设计师与公众的相互交流合作。公众参与规划设计成功与否，关键在于彼此之间能否达成共识。

(4) 充分发挥公众的主观能动性，使公众明确自己的主人翁意识。

第五节　案例分析
——苏州河两岸滨水景观设计

一、工程介绍

1. 关于苏州河

苏州河为黄浦江支流吴淞江上海段的俗称，起于上海市区北新泾，至外白渡桥东侧汇入黄浦江，有时也泛指吴淞江全段(图 2–23)。苏州河沿岸是上海最初形成、发展的中心，几乎催生了大半个古代上海，后又用百年时间成为搭建国际大都市上海的水域框架。苏州河下游近海处被称为“沪”，是上海市简称的命名来源。

2. 关于苏州河两岸建设

由于之前苏州河两岸内侧是大片居民区，人口高度集中。沿岸工厂视苏州河为露天垃圾场，每天向河内排放大量废水、废物，致使河水恶性污染日益严重。航船和附近居民习以为常地将垃圾、废物弃于河中，河道上经常可见大量废弃物四处漂浮，日积月累，苏州河的水质越来越差。

后期随着上海经济的不断发展，苏州河慢慢由历史上以运输型、产业型为主的河道，转化为如今以生态型、生活型为主的河流。如今，苏州河两岸的滨水建设已经基本完善，各项功能也已经相当全面(图 2–24)。

图 2-23　苏州河畔

(a)苏州河鸟瞰图

(b)苏州河的建设发展

图 2-24　苏州河两岸建设

二、设计相关内容

1. 设计原则

苏州河两岸的滨水景观设计在吸取前人的教训后，逐渐开始注重设计的可持续发展，在建设过程中主要运用以下设计原则。

(1) 亲水原则。在进行苏州河两岸滨水景观设计时，亲水平台使人们可以与水亲密接触，感受来自大自然的美好馈赠(图 2-25)。

(2) 与城市肌理相结合的原则。一项优秀的滨水景观设计必须做到人与自然相融合，城市与自然相融合。苏州河两岸的滨水景观设计将滨水景观与城市肌理特点相结合，成为优秀的滨水景观设计案例（图 2-26）。

2. 设计的目的

该设计的目的在于恢复苏州河两岸的原生栖息地，增强防洪功能，减缓雨洪对城市滨水区域的影响，为公众提供亲水活动的空间，增加城市绿化区域，更好地保护生态可持续发展。

3. 未来的发展趋势

该设计未来的发展趋势是不断提升苏州河的地理地位及社会地位，发展其商业区域，以旅游业带动生态、经济的发展。未来的滨水景观设计会将重心放在生态系统与城市的融合上，达到城市与自然、人与自然的统一。

4. 设计相关图纸

苏州河两岸滨水景观设计相关图纸见图 2-27 ～图 2-29。

(a)

(b)

图 2-25　亲水设施

(a)

(b)

图 2-26　设计与城市肌理相结合

图 2-27 苏州河两岸景观平面图

(a)概念图

(b)实景图

图 2-28 苏州河两岸滨水景观设计

(a) (b)

图 2-29 苏州河两岸勘测图

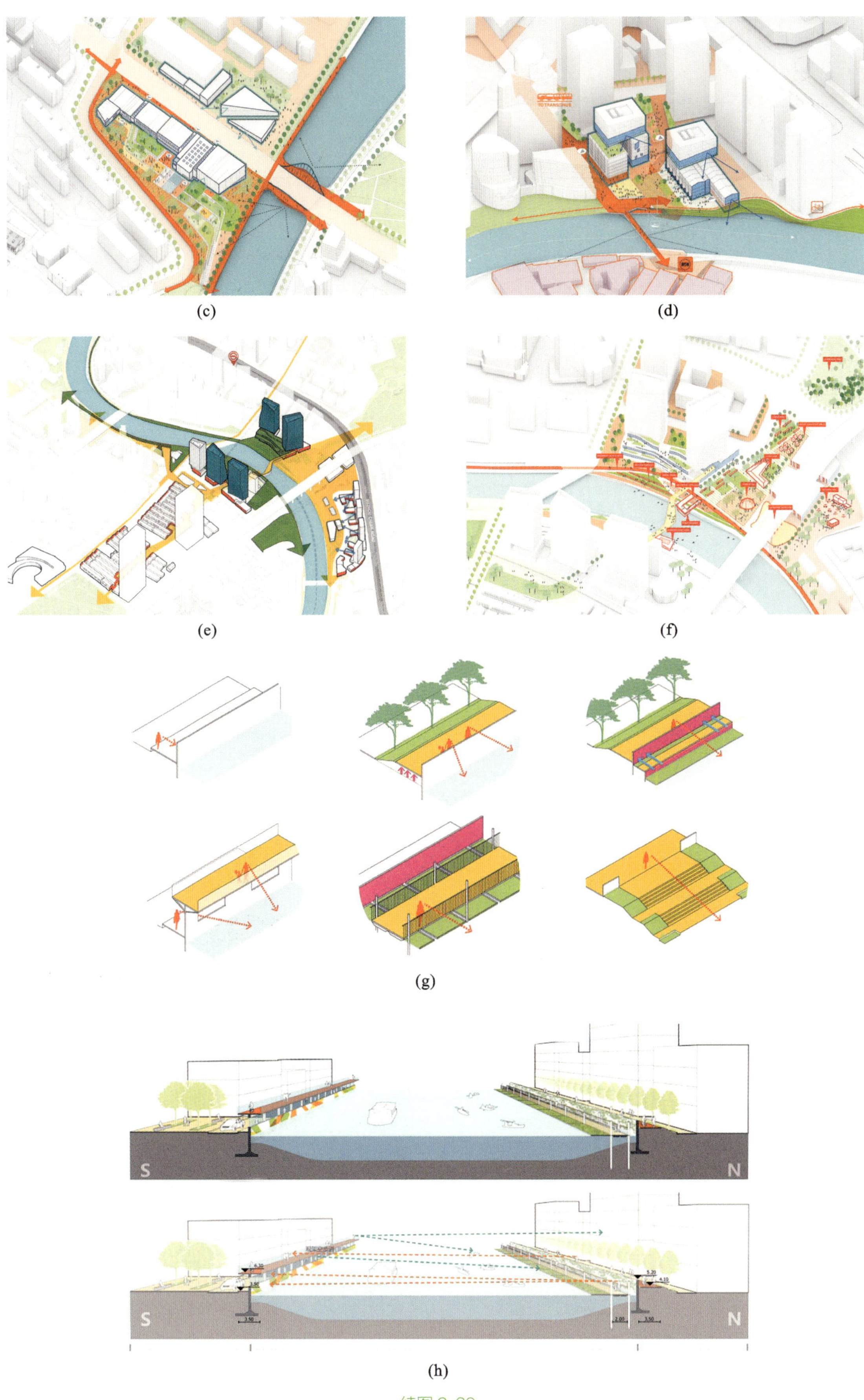

(c) (d) (e) (f) (g) (h)

续图 2-29

思考与练习

1. 水体的分类有哪些?

2. 在进行护岸设计时需要注意哪些方面?

3. 自然滨水景观的分类有哪些?

4. 详细说明滨水景观设计的原则。

5. 查阅相关资料，理解植物多样性原则的含义。

6. 环境优先原则具体分类有哪些?

7. 叙述水景景观的设计原则。

8. 依据理解说明滨水空间环境范畴的分类。

9. 滨水空间的分类有哪些?

10. 详细叙述滨水空间的魅力体现在哪些方面。

11. 依据所学知识说明如何更好地收集、勘察资料。

12. 公众参与主导滨水景观设计时需要注意哪些方面的内容?

13. 列出滨水景观的设计步骤，并进行补充论证。

14. 分析滨水景观设计中的生态伦理问题，探讨如何在设计中遵循生态原则，实现人与自然的和谐共生。（思政思考题）

第三章

滨水景观的设计类型

学习难度：★★★☆☆

学习方法：将理论与实践相结合，实地了解各类滨水景观的设计特点

重点概念：园林区、城市区、居住区、照明与色彩设计

章节导读

滨水区域的景观设计按照其本质属性及所处地域的差异，大体可以划分为自然属性与人文属性两大类别。自然滨水景观是指在地质演变过程中，由于地壳运动的作用而形成的多样化地形地貌中，水与陆地交互形成的独特视觉与物质空间。人文滨水景观则是在特定区域内，依托该地区的历史文化积淀、地理环境以及社会人文背景，形成的一种将人文精神与自然景观和谐共融的特殊景观形态。常见的有园林区滨水景观、城市区滨水景观以及居住区滨水景观等。本章不仅要重视滨水景观的自然与人文特色的融合，更要贯彻思政教育的要求，强化景观设计中的价值引领与意识形态导向。力求在实现美观与实用统一的基础上，反映生态文明建设的重要性，从而为滨水景观设计提供更为全面、深刻的视角与指导（图 3-1）。

图 3-1　城市区滨水景观

第一节
园林区滨水景观设计

一、园林区滨水景观概述

园林区滨水景观设计可以有两种理解形式：一种是在园林内部建设滨水景观，另一种是在园林外部建设滨水景观。这两种滨水景观的设计都与园林息息相关，在进行规划和设计时要以园林为主要参考对象。在进行园林区的滨水景观设计时除了要考虑必要的水体因素外，还要考虑滨水区域的绿化情况，以及园林区内的建筑山石如何与滨水景观达到和谐统一等（图 3-2）。

(a)

(b)

图 3-2　园林区滨水景观

二、水体

园林区的滨水景观设计最重要的就是水体的设计，通过了解不同类型水体的特点，设计出独具特色的中国式园林滨水景观。水体的创新设计拉近了水与人类的距离，增加了空间层次感，也是对自然界不同类型水体的创造性再现和模拟。

1. 泉源

泉源一般指水的源头，很多著作就有关于泉源的记录，例如《毛传》中有“泉源，小水之源”，《诗经·卫风·竹竿》中有“泉源在左，淇水在右”。祖咏曾作诗《田家即事》来说明泉源：“攀条憩林麓，引水开泉源。”韦昭也曾说：“水在山为泉原。”由此可见，泉源是极富历史气息的(图3-3)。

泉的不同表现形式给予了人们不同的视觉感受，不论是温泉还是冷泉，流泉还是涌泉，喷泉还是滴泉，这些关于泉的设计从各个角度阐述了水体的形态美。济南境内泉水众多，拥有“七十二名泉”，被称为“泉城”，素有“四面荷花三面柳，一城山色半城湖”的美誉。

2. 池沼

池沼在某种程度上也可以被称为池塘，只是面积不一，园林区的滨水景观设计中经常会出现池沼。池沼相对于湖、海来说，面积比较小，在设计上灵活多变，无论是南方园林区滨水景观还是北方园林区滨水景观都可使用(图3-4)。池沼设计一般会与假山搭配，假山依据自然形态进行排列组合，既拥有层次感又不失自然气息，池沼一般引用活水，活水的流动性一方面会给人生命之感，另一方面也给水下生物带来了生机与活力。

3. 溪涧

溪涧一般指两山之间的河沟，也指水

图3-3　滨水景观中的人工泉源

(a)南方园林水池

(b)北方宫苑水池

图 3-4　南方和北方的水池

从山间流出的一种动态水景，颇具自然力量。有的溪涧设计得比较曲折，以增加流程。溪涧一般选用自然石岸，以砾石为底。《汉书·晁错传》中曾著：“上下山阪，出入溪涧，中国之马弗与也。”《搜神记》(卷一)也曾写道：“比至日中，大雨总至，溪涧盈溢。”方朝(清)所写的《由临川北道抵馀干山行》中也对溪涧有所描述：“暮投渔樵烟，朝拂溪涧藻。”而我国杭州西湖中著名的九溪十八涧，无锡寄畅园的八音涧等都是因为溪涧的独特设计而闻名(图 3-5)。

4. 瀑布与水帘

瀑布在地质学上叫跌水，指河水在流经断层、凹陷等地区时垂直地从高空跌落的现象。国外瀑布比较有名的国家有很多，例如冰岛。冰岛境内的瀑布有数百座，最为著名的是黄金瀑布和斯瓦蒂瀑布，这些年来成为人们争相前往的旅游胜地。国内比较有名的就是罗平九龙瀑布群、三峡大瀑布、黄河壶口瀑布等。自然瀑布一般有水平瀑布和垂直瀑布：水平瀑布的瀑

(a)杭州的九溪十八涧

(b)无锡寄畅园的八音涧

图 3-5　溪涧

面宽度大于瀑布的落差；垂直瀑布的瀑面宽度则小于瀑布的落差。另外还有人工瀑布，它在园林区滨水景观中被广泛应用（图 3-6）。中国目前最大的人工瀑布位于昆明瀑布公园内，该人工瀑布展开面宽达 400 m，高差大致为 12.5 m，气势恢宏无比。

水帘则是指下垂如帘的流水，当水由高处直泻下来时，由于水孔较细小、单薄，流下时如帘幕一般。这种水态在古代亦用于亭子的降温，水从亭顶向四周流下如帘，称为“水帘”。水帘在现代园林区滨水景观中很常见（图 3-7）。

5. 湖海

湖海介于湖与海之间，其整体水面比较平静，偶尔也会有水波微动。湖海主要是为了展现园林区滨水景观辽阔的视觉效果，因此成为园林区滨水景观中面积最大的一种水体类型。例如颐和园的昆明湖，湖面面积约占全园面积的四分之三，湖的中间还有一个南湖岛，风景优美。此外，扬州的瘦西湖，苏州园林的金鸡湖，承德避暑山庄的湖泊组群，以及杭州的西湖，这些都是以湖海之称闻名天下的大面积水体，这些湖海赋予了滨水景观一种缥缈的艺术美感（图 3-8、图 3-9）。

三、园林区滨水景观规划设计

在进行园林区滨水景观设计时应注意以下几个方面。

据所在地形可将瀑布划分为名山瀑布、岩溶瀑布、火山瀑布和高原瀑布。

图 3-6　园林区滨水景观中瀑布的运用

图 3-7　园林区滨水景观中水帘的运用

(a)

(b)

图 3-8　承德避暑山庄

图 3-9　济南趵突泉

小贴士

人工海滩浅水池

人工海滩浅水池一般建于邻海别墅住宅，主要让人享受日光浴。池底基层上多铺白色细砂，坡度由浅至深，一般在 0.2 ～ 0.6 m 之间。驳岸应做成缓坡，以木桩固定细砂，水池附近应设计冲砂池，以便于提供卫生服务。

1. 合理划分功能片区，因地制宜

在尊重原有基地的自然生态肌理的基础上，根据场地特征、设计主题等将滨水区域划分为不同的功能区，使每一个功能区都具备自身的特色。

2. 有效利用基地高差，增强层次感

充分利用基地高差，结合亲水平台、游步道、自然植被等来营造丰富的滨水景观效果（图 3-10）。

基地高差的利用主要体现在道路与驳岸的立体化设计两个方面。

(1) 道路的立体化设计要根据地形的变化来进行，要针对不同区段内道路的高低进行划分，以此丰富整个区域内的空间层次。

(2) 驳岸的立体化设计主要表现为在

(a)

(b)

图 3-10 利用基地高差创造丰富的滨水景观

兼顾防洪、灌溉等功能的基础上设计丰富的驳岸形式，包括自然驳岸和人工驳岸。其中人工驳岸可以分为很多种，例如挑台式驳岸、台地式驳岸等。

3. 有机结合水生态与水景观，保持生态平衡

具体设计手法包括以下几个方面。

(1) 栽植各类适合的植物，增强植物多样性，以此构建湿地植物群落体系，形成湿地生态循环系统。

(2) 利用中水回收系统，将水景处理手法的多样化营造与水质的维护相结合，做到循环式设计。

(3) 增加生态浮岛，将生态区域单独

小/贴/士

滨水景观空间分类

根据水体的走向、形状、尺度的不同，滨水区域空间可分为线状空间、带状空间和面状空间三种。

1. 线状空间

线状空间指狭长、封闭、有显著的聚焦性和方向性的滨水区域。线状空间主要集中在狭小的河道上，由建筑群和绿化带形成连续的、较封闭的侧界面。

2. 带状空间

带状空间指水面较为宽阔，由两岸建筑、绿化等构成侧界面的滨水区域。带状空间的空间界定作用较弱，空间较为开敞。

3. 面状空间

面状空间指水面宽阔、尺度较大、形状不规则、侧界面对空间界定较弱、空间十分开敞的滨水区域。面状空间中水面的背景较大。

划分，逐渐修复生态体系，同时增强景观效果。

4. 传承本土文化，增强历史使命感

滨水景观设计可以运用现代方法对本土文化进行有效的展示，例如开展公演活动、展示文化墙。此外，滨水景观设计必须保护和更新城市滨水区域的历史文化，并传承风俗民情，表现滨水景观风光特征，建设现代化服务设施。

5. 丰富植物层次感

植物层次的丰富性包括空间和时间两个方面。

(1) 在空间上因地制宜，利用地形高差和空间功能配置相应的植物。还可以通过植物的疏密、大小排列以及高低错落等来塑造不同层次的植物景观空间。

(2) 在时间上根据当地季节的变化，种植不同季节的植物，使整体景观色彩更丰富。

第二节 城市区滨水景观设计

一、港口滨水景观

港口是水陆交通的枢纽，可以停泊船只和运输货物、人员，位于洋、海、河流、湖泊等水体上，如中国的上海港、深圳港、青岛港、天津港、广州港、厦门港、宁波港、大连港。作为与城市经济发展密切相关的区域，滨水景观不仅应具备观赏功能，还应具有水陆联运的功能。由于港口是联系陆域和海域以及海洋运输的天然接口，因此港口也成为国内、国际物流的一个特殊节点（图 3–11）。

港口发展对自然条件和经济腹地的要求都较高，广阔的水陆域、合适的泊位水深、良好的气象条件等都是港口发展的必要保证。港口必须具有完善与畅通的集疏运系统，才能成为综合交通运输网中重要

图 3–11　热那亚港

的水陆交通枢纽。

港口滨水景观主要由以下几部分内容构成。

1. 港口水域景观

港口水域主要包括港池、航道与锚地。港池一般指码头附近的水域，需要有足够深度与宽度供船舶停靠、驶离时使用。港口水域景观是以水体为中心，在地质地貌、气候、生物及人类活动等因素的配合下形成的不同类型的港口水体景观的总称。对于开敞式海岸港口，如青岛、烟台，为了阻挡海上风浪并减少泥沙沉积的影响，保持港内水面的平静与水深，必须修筑防波堤。防波堤的形状与位置可根据港口的自然环境来确定。

2. 码头景观

码头是海边、江河边专供乘客上下、货物装卸的建筑物，通常见于水陆交通发达的商业城市。码头景观主要由江河、海以及周边的建筑物构成（图 3-12）。

二、河流滨水景观

河流滨水景观主要针对城市河道的建设，由于一些城市河道处于城市边缘，对城市外围有一定的装饰作用，而且对城市的形象也有所影响，因此，设计河流滨水景观时要注意其装饰性，另外要注重其防洪功能。随着时代的发展，河流滨水景观的设计理念不断完善，我们在进行河流滨水景观设计时要遵循生态优先、开发在后的原则，这样才能够使河流滨水景观设

(a)

(b)

(c)

(d)

图 3-12　费城 Race Street 码头

计更加符合人们的审美和城市建设的要求（图 3-13）。

河流滨水景观设计要遵守相关的设计原则，这些原则有助于我们更好地建设河流滨水景观。

1. 遵守行洪安全的原则

城市大都依水而建，一般而言，河流密集的地方人口也较为密集。在设计河流滨水景观时就要考虑其防洪功能，确保行洪安全，在开发建设时要确保河流有充足的行洪断面，必要时可以拓宽河道断面，另外还必须修筑堤防、护坡、驳岸等。

2. 遵循文化保护原则

河流滨水景观建设的目的之一就是传承文化，在设计时还要考虑整治自然景观并保护人文景观，要重视人文景观和自然景观的融合，呈现出最具美感的设计，使河流滨水景观充满生动性，使区域内的文化更具有历史延续性。

3. 遵循因地制宜的原则

每一条河流都有其独特的地貌特征和水流特色，依据河流的涨水规律、当地的降雨量、河流的水质情况以及河流周边的土质情况等综合分析，因地制宜进行设计将更有利于建设河流滨水景观。因此，在进行设计时一定要充分考虑这些因素，这样才能在保证河道行洪安全、尊重水文特征的情况下呈现出别具一格的风采。

4. 遵循质量控制的原则

质量控制是指河流水质的监测和治理，在河流滨水景观的建设过程中，要重

(a)

(b)

图 3-13　美国格林湾福克斯河滨水景观

视施工过程中的质量问题，还要在规划和设计阶段充分考虑河道的质量问题。设计除了要有观赏性外，还要在规划设计过程中注意趋利避害，考虑河床稳定、护岸工程等多方面的因素，确保滨水河道在安全的基础上能产生视觉美感。

小贴士

河流滨水景观的功能

河流滨水景观的功能如下。

(1) 改善城市生态功能。

(2) 提升城市形象和经济文化地位。

(3) 创造理想的河流滨水居住空间。

(4) 建立城市河流亲水空间。

三、滨水广场景观

滨水广场景观在设计时要注意以下问题。

1. 生态保护

生态保护是永恒的主题，滨水广场景观在建设时要注意保护水生植物和陆地植物的多样性，要完善工业排水问题，确保施工用水不会对水域环境造成影响。在进行驳岸设计时尽量选用软质驳岸，要重视植物在滨水广场构成中的作用，更要注意统一协调水域景观与植物景观之间的共生关系。

2. 提供相应的娱乐和商业功能

滨水广场大都处于黄金地段，人流量比较大。在设计时要注意拓展其娱乐、休闲、购物等功能，以增强滨水广场景观对公众的吸引力，提高公众参与的热情，增加建设完成后的使用率，达到设计与城市相融的目的。

3. 丰富景观的层次感

丰富景观的层次感能带来更好的视觉体验，可以针对水体的不同表现形式、广场的设计形式、水景的丰富多样性以及不同设施设计的趣味性来丰富滨水广场景观的层次感，为公众营造出别具一格的广场气氛。

4. 提高场地的灵活性

要提高场地利用的灵活性，首先就需要充分结合当地的地理环境和周边的经济环境，经过勘察、分析、评估等设计出适合城市和公众的、便捷的、多样化的滨水广场景观(图 3-14)。

(a)

(b)

(c)

(d)

图 3-14　瑞典斯德哥尔摩滨水广场景观

第三节
居住区滨水景观设计

居住区滨水景观设计是指以城市中经过设计规划后建设的居住区为参考对象，在满足基本生活需求的基础上保证居住区的各项功能要求，对生活居住用地进行综合性的滨水景观规划，使其符合使用、卫生、经济、安全、施工、美观等要求的一项设计工程。

居住区滨水景观可以分为自然滨水景观和人工滨水景观两大类。居住区滨水景观设计需要具备多功能性、多义性、多元性以及空间的兼容性等，这些都是居住区滨水景观设计区别于其他区域滨水景观设计的特性所在。

一、自然滨水景观

1. 溪流景观

居住区的溪流溪面一般较窄，在进行居住区滨水景观设计和规划时要注重各个功能区域之间的联系。溪流景观的设计充分将中国山水园林中溪涧的意境赋予居住区，使居住区与自然完美融合。

在设计溪流景观时可以选用溪流周边的散石搭配溪流中的水生植物，共同创造自然化的景观，还可以适当增加溪流的宽度，拓宽视野，扩大展示范围。另外，溪流的设计形态应根据溪流的流速、深度、水质条件等进行综合设计。一般情况下，溪流景观可分为可涉入式溪流景观和不可涉入式溪流景观。从安全方面考虑，可涉入式溪流景观的水深要控制在 0.3 m 以下。同时，水底可铺设防滑装置，考虑到居住区儿童会在溪流中玩耍，应在可涉入式溪流景观中安装水循环和过滤装置。不可涉入式溪流景观应该在溪流前设立不可踏入标牌，警示居民，建议种植一些适应当地气候条件的水生植物，以增强整体的观赏性和趣味性(图 3-15)。

2. 叠水和跌水

叠水和跌水在读音上相似，但内涵却大有不同。叠水是水顺着台阶往下流，是一种横向铺展的过程，而跌水则是类似瀑布一样直上直下的流淌过程，是一种纵向跌落的过程，在设计时可以将两者结合起来，以丰富景观的层次，产生意想不到的效果。

叠水和跌水的组合增强了水花飞溅的力度，增加了空气的湿润感，可以过滤空气中的尘埃，这对居住区的建设有重大意义。水花相撞的声音也是一种美妙的旋律，会产生独特的景观效果，而且跌落的水花会携带大量的氧气，对水中的水生植物的生长也大有裨益。

跌水的设计还可以运用多种材质，例如，色彩丰富的啤酒瓶不仅能为跌水带来流光溢彩的视觉效果，还能增强整体设计的艺术感。

(a)可涉入式溪流景观

(b)不可涉入式溪流景观

图 3-15　居住区溪流景观

小贴士

压力喷浆

压力喷浆，即把水泥砂浆喷射到混凝土表面，现已普遍应用于游泳池的建造之中，其内部装饰与混凝土游泳池大致相同。

二、人工滨水景观

1. 水池景观

水池景观主要分为生态水池和游泳池，生态水池面积较小，两者在居住区内是平行的关系。

生态水池是为了美化环境、改善居住区空气质量的一种水景，它比较适合水下植物的生长。生态水池的深度一般应根据饲养的鱼的种类、数量和水草在水下生存的深度而定，大致为 0.3 ～ 1.5 m。生态水池在设计时池壁与池底应平整，池壁与池底以深色为佳，深度不足 0.3 m 的浅水池，池底可做艺术处理，例如铺设色彩丰富的鹅卵石。由于居住区内有宠物，为了避免水生植物遭到破坏，池边平面与水面应保证有 0.15 m 的高差。池底与池畔建议设置隔水层，池底隔水层上覆盖厚度为 0.3 ～ 0.5 m 的土，并种植水草，使生态池的生态系统更加完善，努力建造一个动植物和谐相处、互生互养的生态环境（图 3–16）。

居住区游泳池一般以休闲娱乐为主，建议设计主色以蓝色调为主，能够净化心灵，舒缓身心。游泳池的设置要符合规定，儿童游泳池深度一般宜设为 0.6 ～ 0.9 m，成人游泳池深度宜设置为 1.2 ～ 2 m。另外还要设置水循环系统，定时换水，保持泳池内清洁。泳池的造型可以是方形，也可以是圆形，要依据居住区的整体风格来设计（图 3–17）。

儿童泳池与成人泳池可以统一考虑设计，可以将儿童泳池放在较高位置，水经阶梯式或斜坡式跌水流入成人泳池中，这样既可保证安全性，又能增强趣味性，还可丰富亲子活动的类型。另外设计时要注意池岸必须作圆角处理，以免碰伤儿童。在池底建议铺设软质渗水地面或防滑地

图 3–16　居住区生态水池

图 3-17　居住区泳池

砖，泳池周围可以多栽植灌木和乔木，并提供休息和遮阳设施，有条件的小区可设计更衣室和供野餐的设备及区域。

2. 滨水广场

居住区的滨水广场同样需要具备休闲、娱乐、交流等功能。作为居住区内面积比较大的一个活动场所，滨水广场的设计更要独具特色。依据水体的流动形式，滨水广场的水景可以分为静态水景和动态水景。静态水景比较适合于水域面积比较大的区域，主要表现一种宁静之美（图 3-18）。动态水景比较适合于水域面积较小的水景，一般是人工水景，例如喷泉、跌水。动态水景在设计时不能太空泛，要

大型广场中的人工喷泉也多来自自然的各种水态，如瀑布、叠水、水帘、溢流、溪流、壁泉等。

图 3-18　静态水景

(a)喷泉

(b)汀步池

图 3-19　居住区其他类型水景观

体现其生动感和活力感，可以搭配灯光或者音乐，配合灯光和音乐节奏的变化，动态水景的样式也发生改变，这样也能为动态水景增添更多的趣味性。

其他类型的水景观，如喷泉、汀步池，都在居住区得到广泛使用(图 3-19)。

第四节 滨水景观照明与色彩设计

一、滨水景观照明设计

照明设计分为室外照明设计和室内灯光设计。灯光是一个多变而又色彩绚丽的设计元素，可以成为气氛的催化剂，是空间的焦点及主题所在，也能加强空间的层次感。照明设计最初主要运用于大型晚会或者大型商场，随着照明设计的不断发展，滨水景观中也会运用到照明技术(图 3-20)。

滨水景观照明设计是运用灯光的不同表现形式来衬托滨水景观的一种设计，现代城市滨水景观经常使用。在白天，不同的灯具造型为滨水景观增添了观赏性；在夜晚，多彩的灯光不仅为公众提供了照明功能，还能使滨水景观呈现出和自然光照下不同的视觉效果，光的剪影也为滨水景观增添了神秘感。

下面主要介绍滨水景观照明设计的手法和要点。

1. 滨水景观照明设计的手法

照明方式分为一般照明、局部照明和整体照明。依据这些照明方式，照明手法也有所不同，主要包括光的明暗度表现、光的亮度变化、光与周边环境的融合度以及光与色彩的搭配等。在各种照明手法中，不同的灯具有不同的要求，灯具的数量、位置以及投射角度是要重点考虑的问题。滨水景观照明设计的手法则主要体现在灯光对照明对象的质地、形象、尺度、色彩和达到的照明效果等产生的不同影响。

夜晚能否观察到滨水景观的细部轮廓主要在于照明的亮度。因此，在进行滨水景观照明设计时，泛光灯具应根据

(a)

(b)

图 3-20　滨水景观照明设计

需要相应地调整位置。另外，灯具的大小也应该有所限制，要与整体滨水空间有视觉上的搭配感。

夜景照明在白天能够为公众呈现出滨水景观路景的变化，在夜晚也能形成城市中一道亮丽的风景线。不同风格的夜景照明能给人不同的感觉，或温馨，或神秘，或冷酷，这些都需要设计师细细琢磨，用心设计。

2. 滨水景观照明设计的要点

(1) 滨水景观照明设计要利用不同的照明方式来表现光的不同虚影，以此来烘托滨水景观艺术造型的形态美。

(2) 可以利用照明的亮度变化来提高观看滨水景观细节的清晰度。

(3) 利用照明手法使滨水景观立体化，并与周围环境相配合或形成对比。

(4) 利用光源的显色使光与环境绿化相融合，以此表现出树木、草坪、花坛带给人的翠绿、鲜艳、清新等感觉。

(5) 喷水景观的照明要保证亮度，保证水花能清晰展现，水面要反映灯光的倒影和水的动态，也可利用色光照明使飞溅的水花绚丽多彩。

小/贴/士

滨水景观照明设计分类

1. 水体照明设计

水体照明设计要注意视觉上的处理，经过照明后的静态水可以产生丰富的倒影，在与周边建筑物相互融合时会产生良好的艺术效果；动态水配合不同的灯光会产生不同的视觉效果，也能为城市夜景增添光彩。

2. 建筑泛光照明设计

建筑泛光照明设计主要通过泛光灯对建筑物大面积照射，在设计灯光时适当控制灯具的照射角度，也会形成意想不到的效果。

3. 建筑轮廓照明设计

轮廓照明在建筑照明中有两种方式：一种是以点连成线沿着建筑物边缘进行布灯；另一种是以连续光源来表现建筑物的外部轮廓。

4. 植物照明

在进行滨水景观照明设计时，可在植物的侧上方布置下照光，通过对光线照射角度的合理控制，将植物的剪影巧妙地投影到另一物体上，使影子与植物结合形成另一道极具特色的景观现象。

二、滨水景观色彩设计

1. 滨水景观色彩的作用

色彩设计就是色彩的搭配，滨水景观中不同植物之间会形成色彩的搭配，植物与人工景观也会形成色彩上的搭配。色彩设计是滨水景观设计中重要的设计手段之一。好的色彩设计可以使滨水景观锦上添花，增添美感，同时它也是设计师对滨水景观的一种情感体现。在进行滨水景观色彩设计时应充分结合滨水景观的使用性质、功能、所处的自然环境和滨水景观周围的建筑环境以及滨水景观本身建筑材料的特点综合设计（图 3-21）。

色彩在滨水景观设计中的作用有以下五个方面。

(1) 色彩可以提高滨水景观造型的表现力。色彩给人的不同感受给予了滨水景观造型无限的活力，例如红色会给人热情的感觉，而蓝色则给人纯净的感觉。

(2) 色彩能够增强滨水景观空间形态的效果。多种色彩的搭配能够形成颜色上的层次感，使滨水景观更丰富。

(3) 色彩可以增强滨水景观造型的统一效果。色彩的灵活运用能够使滨水空间整体在建设风格和色调上达到统一。

(4) 色彩可以完善滨水景观造型。除去基础的植物造景和景观小品，色彩的晕染能够使景观造型更加具体化、形象化，更具美感。

(5) 色彩能够体现城市滨水景观的整体风格。色彩本身就具有风格特色，不同色彩的搭配更能将风格体现得淋漓尽致。

在进行滨水景观色彩设计时一定要先分析再设计，如果色彩处理不当，则会破坏滨水景观的统一性。

2. 滨水景观色彩的选择

滨水景观的色彩选择会受到多方面因素的影响。首先，地区气候条件对色彩的选择会产生影响。不同的气候条件下，滨水景观所要表现的环境氛围不同，相应的

(a)

(b)

图 3-21 滨水景观色彩设计

色彩选择也不同。其次，滨水景观的使用性质、风格、形体及规模会对色彩的选择产生影响。色彩的选择应和整体建设风格一致，不能为了追求新颖而设计得不伦不类。再次，滨水景观所在的环境会对色彩的选择造成影响，主要包括周边自然环境和人文环境。最后，建筑材料会对滨水环境产生影响，不同的材料有不同的质感，色彩选择要符合材料的质感。

第五节 案例分析——希腊塞萨洛尼基海滨重建

一、工程介绍

1. 关于塞萨洛尼基

塞萨洛尼基又译作萨洛尼卡、塞萨洛尼卡、萨罗尼加，是希腊北部最大的港口城市，也是第二大城市。塞萨洛尼基州首府地处哈尔基季基半岛西部，濒临塞萨洛尼基湾，属于地中海型气候，冬温夏热。该市人口约为 80 万，包括郊区在内人口数量达 100 万。该市经济与港口密切相关，是海陆交通枢纽，在海上与东地中海各国港口均有航线联系，港口还设有专用港区。该市有大量古希腊遗迹，保存了 4 世纪时的大理石结构拱门以及城市和要塞的围墙。市内著名的建筑有建于 1430 年的白塔、希腊东正教大教堂、希腊军分区司令部以及建于 1925 年的亚里士多德大学等 (图 3-22、图 3-23)。

2. 项目完成后的相关作用

塞萨洛尼基海滨重建项目竣工后，迅速地在日常生活中发挥其使用价值。人们

(a)希腊大教堂

(b)白塔

图 3-22 塞萨洛尼基市内建筑

图 3-23 塞萨洛尼基

不仅可以在海滨区内散步、阅读、垂钓、跑步、陪孩子玩耍，还可以进行其他运动，例如骑行、室外集体健身等。除此之外该项目还兼具娱乐功能，人们可以在此野餐、学习园艺、跳舞、表演、喝咖啡、会朋友等等。

新海滨的改造为人们提供了一个多功能的新型都市滨水开放空间。人们在此处开展新的日常活动，使这个公共空间得到持续发展。

二、设计相关内容

1. 设计的特点

(1) 具有线性和连续性。海滨步道具备休闲功能，这条步道正好位于陆地与海洋之间的分界线上，是散步的理想场地。坚实稳固的巨型防波堤与动荡而清澈的海洋形成鲜明的对比，给人视觉上的美感。从白塔到音乐厅，整个滨水区都进行了统一的铺装，没有高差，宽度一致。只要是硬质地面，都浇筑成一个整体。在防波堤的内侧沿步道栽植树木，树木之间设置长椅，方便人们休息、放松(图 3-24)。

(2) 具有私密性。整体海滨空间由不同的围合空间组成，在一定程度上保证了私密性，且不同空间的不同特色组成了塞萨洛尼基海滨空间的立体化效果，增加了视觉层次感(图 3-25)。

(3) 具有亲水性。亲水平台的建立有助于增强人们与自然的亲切感，有利于营造轻松、舒适的滨水氛围(图 3-26)。

(4) 具有可持续性。在重建塞萨洛尼基海滨时所采用的设计方法、设计材料，选择的植被以及照明手段，不仅是为了建造一个高质量的公共空间，更是为了使空间的组织融入原有的城市景观中。关于能源消耗问题，新海滨采取最优的

(a)

(b)

图 3-24　塞萨洛尼基海滨具有的线性和连续性特点

图 3-25　塞萨洛尼基海滨具有的私密性特点

(a)

(b)

图 3-26 塞萨洛尼基海滨具有的亲水性特点

照明管理措施，可在深夜里减少照明以降低能源消耗。此外，独立于城市供水系统的灌溉手段也引人注目。新海滨的设施没有使用液体燃料，所以不会产生相应的污染。

2. 设计的意义

塞萨洛尼基海滨的重建旨在使民众有机会在这座城市的公共空间感受环境之美。整个海滨建设材料的选择、植物种植、灯光等不仅有助于建设高品质的公共空间，而且更重要的是能够充分利用现有的城市空间景观资源，使其不被浪费。

塞萨洛尼基海滨的重建对改善城市空间有着极其重大的意义，并且针对目前生态环境的可持续性和统一性特征，塞萨洛尼基海滨的重建能促进生态系统在大海与城市之间的界限上再生发展。

3. 设计相关图纸

(1) 塞萨洛尼基海滨重建时使用的部分图纸见图 3-27。

(2) 塞萨洛尼基海滨的相关实景图见图 3-28。

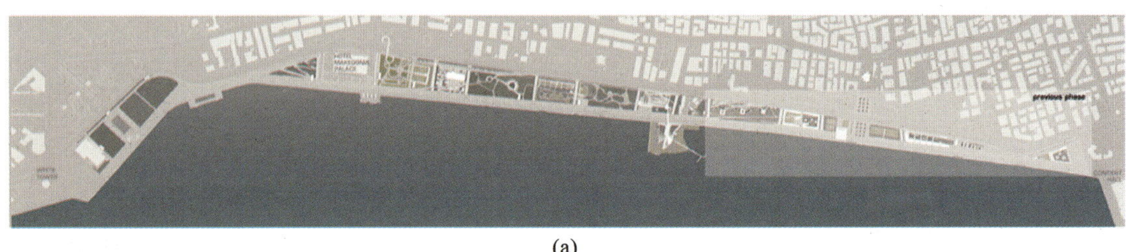

(a)

(b)

图 3-27 塞萨洛尼基海滨重建时使用的部分图纸

(a)

(b)

图 3-28　塞萨洛尼基海滨的相关实景图

(c)

(d)

续图 3-28

思考与练习

1. 自然水体的分类有哪些？

2. 详细说明园林区滨水景观设计的注意事项。

3. 阐述滨水景观空间的类别。

4. 阐述港口滨水景观的构成。

5. 依据所学知识，详细叙述城市河流滨水景观的功能。

6. 解释城市广场滨水景观设计的原则。

7. 了解居住区滨水景观的类别。

8. 说明动态水景观与静态水景观的特点。

9. 列表说明在设计水池景观时应注意的细节。

10. 详细解释居住区溪流景观设计的注意事项。

11. 阐述滨水景观照明的设计要点。

12. 阐述滨水景观照明的类别。

13. 理解滨水景观照明的设计手法并模拟设计。

14. 阐述色彩在滨水景观设计中的作用。

15. 在进行滨水景观色彩设计时会受哪些方面的影响？

16. 针对某一滨水景观设计项目，探讨如何在设计中融入当地历史文化元素，传承和弘扬中华优秀传统文化。（思政思考题）

第四章

滨水景观设计与亲水设施

学习难度：★★☆☆☆

学习方法：查阅相关资料，系统了解亲水设施并实地考察学习

重点概念：亲水设施规划、设计、管理

章节导读

滨水景观不仅营造了赏心悦目的自然风光，更蕴含着丰富多样的生态系统资源。在此环境中，人类得以直观地观察和感悟自然，深入探究动植物的生长与演变过程，从而提升对自然界的认知。在我国社会主义生态文明理念的指导下，公众对于精神文化生活的追求日益增强。人们渴望丰富自己的精神世界，提升生活品质，以满足更高的精神需求。滨水区域作为城市公共空间的重要组成部分，为人们提供了亲近自然、净化心灵的理想场所。因此，重新审视和评价滨水景观中亲水设施的生态环境价值和休闲运动价值显得尤为必要。

本章将从亲水设施的规划、设计和管理三个方面，对滨水景观设计进行深入剖析，旨在强调其在提升人民群众精神文化追求和生活品质方面的重要作用（图 4-1）。

图 4-1　亲水平台

第一节 亲水设施的规划

一、亲水设施规划的目的和重点

1. 规划目的

亲水设施规划的目的主要是为公众提供亲近水的一个平台，充分发扬滨水空间中河、湖等的自然魅力和历史魅力。另一方面也能创建一个与周边环境相融合的亲水区域，激发公众的参与感，有助于提升滨水景观的使用率(图 4-2)。

2. 规划重点

(1) 进行亲水设施规划之前应先实地勘察，详细调查，进行科学的分析。表 4-1 列举了滨水景观水陆界面处理的几种空间类型，在进行滨水景观亲水设施规划时可以作为参考。

(2) 亲水设施的规划要完善城市绿地系统，建设绿化带。

(3) 积极推动亲水活动的展开，并提前设想相关亲水设施的管理章程。

二、亲水设施规划步骤

1. 调查研究

查阅相关资料并进行实地考察。设计师在进行滨水景观亲水设施设计之前，必须对滨水空间周边河川、湖泊以及滨海的自然环境和所在区域的历史人文环境特征有系统的了解，并做记录，以供后期设计时查看。

图 4-2 具备亲水设施的公共开放空间

表 4-1 滨水景观水陆界面处理的空间类型

序号	空间类型	图 示	备 注
1	让自然做功		自然驳岸应成为滨水区域的主要空间类型，自然生态是其最重要的景观特征
2	碎石护岸处理		碎石具有很强的可塑性，碎石间的缝隙利于动植物和微生物的生长
3	平行曲线路径		平行曲线路径曲率平缓，与河岸线的关系很协调
4	波动折线路径		波动折线路径具有强弱对比的力度感，注意节奏及其与地形的关系

续表

序号	空间类型	图　示	备　注
5	波动曲线路径	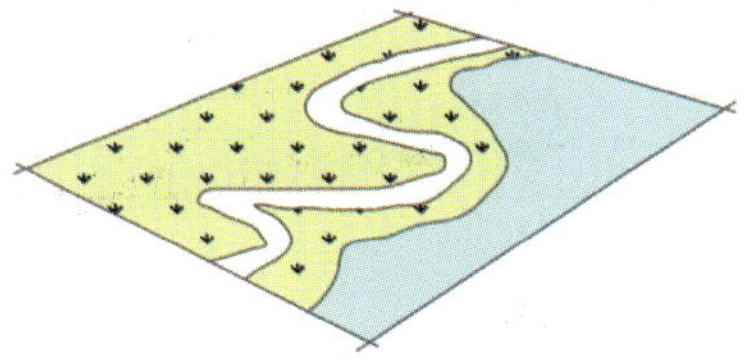	波动曲线路径力度感稍弱，但同样具有张力
6	打断路径	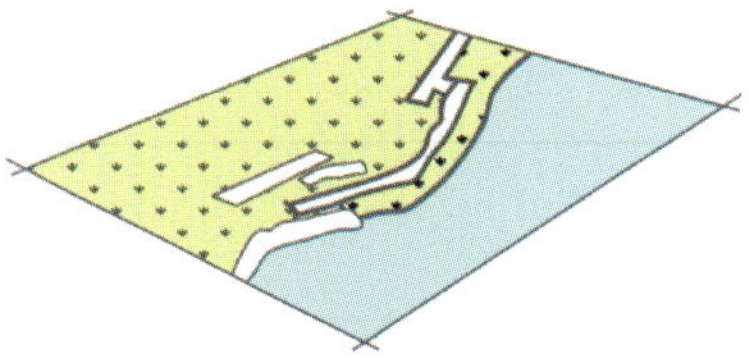	打断路径可切割出一系列的次级空间，结合高差处理设计，效果更佳
7	路径与岸线重叠	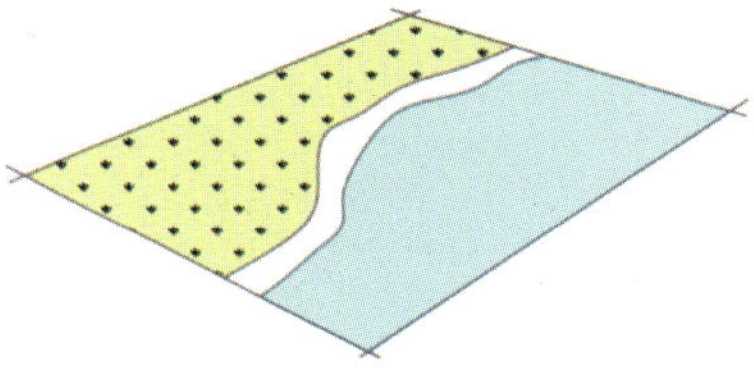	路径与岸线重叠时，与水体直接发生联系，城市内运用较多，在其他区域局部运用也不错
8	单个水边构筑物	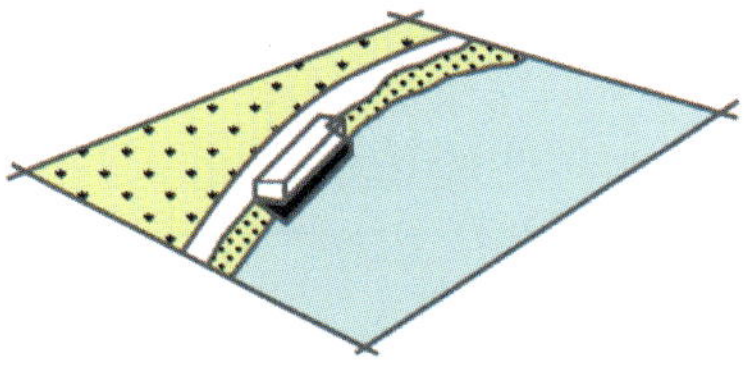	供人停留休息的水边庇护空间
9	路径局部放大	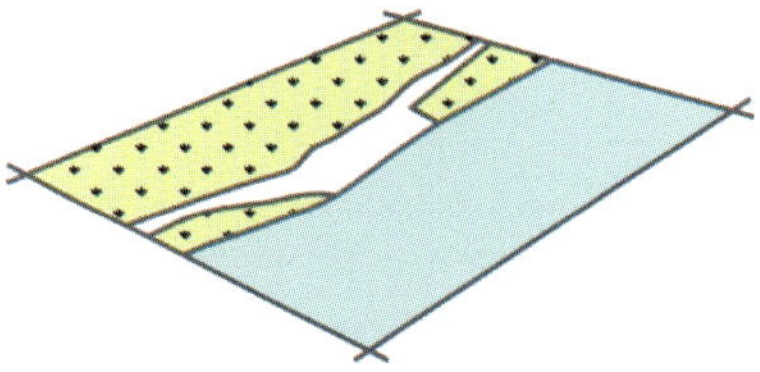	路径局部放大可以作为较长滨水路径的中断，也可以是路径的放大，还可以是独立空间
10	重复路径	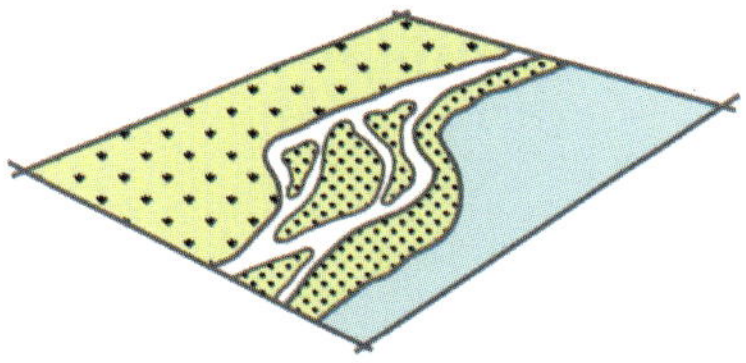	在设计重复路径时，结合地形和生态功能设计会更有意义
11	路径分叉成广场	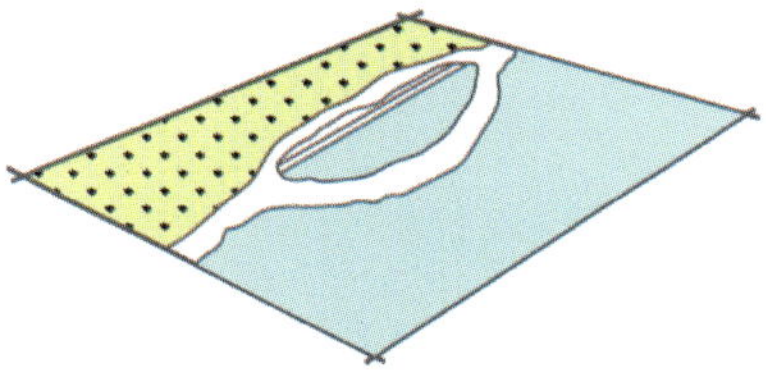	分叉的空间成为可参与的滨水广场
12	低于水面的广场	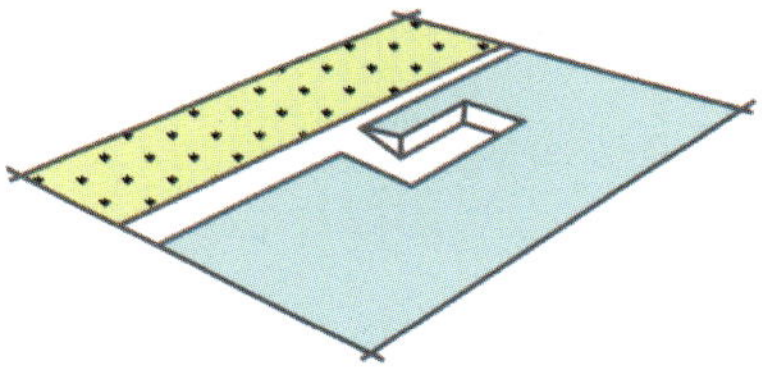	视觉效果出人意料，直面水体，不建议使用

续表

序号	空间类型	图　示	备　注
13	内凹空间	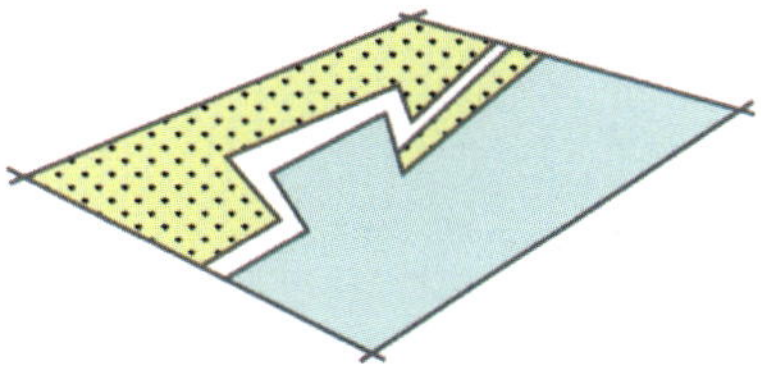	内凹空间可以使水体主动与岸边联系，依据具体情况酌情使用
14	伸出水面的平台	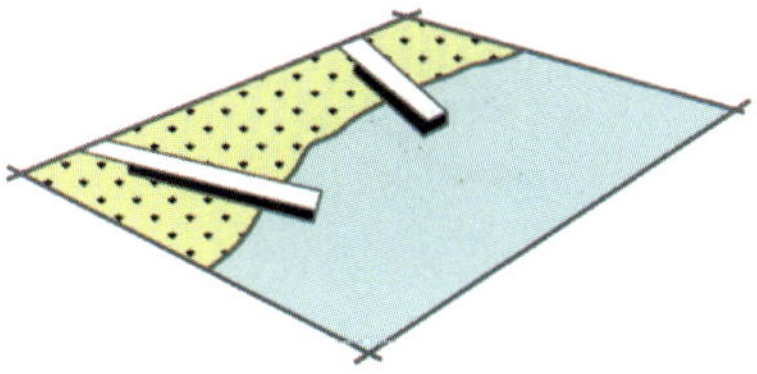	伸出水面的平台可以使陆地主动与水体对话
15	贴近水面的出挑路径	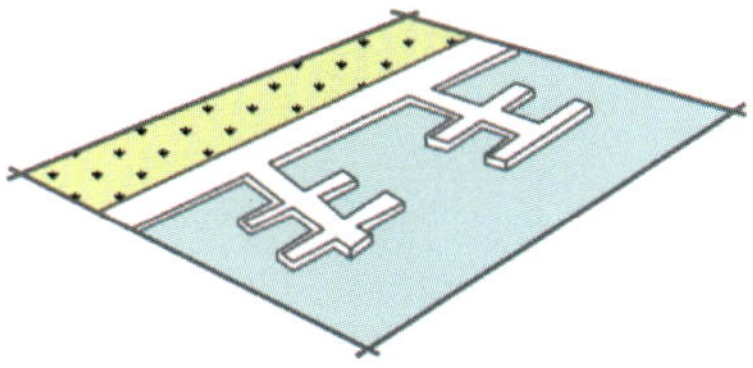	设计码头或垂钓空间时可以使用此种空间类型
16	成组的临水构筑物	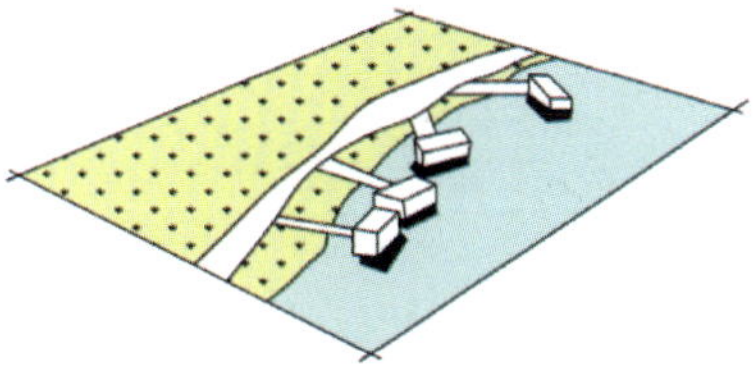	与平台相比，此类空间类型使人停留更久
17	完整图形叠加	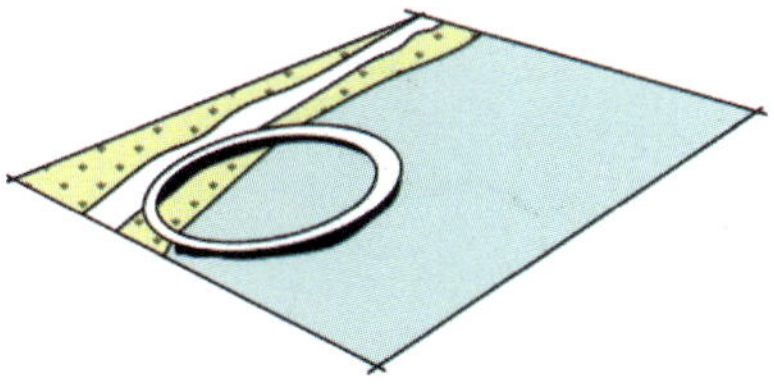	此类空间是一种强调节点空间的常用手法，可单一使用，也可组合使用
18	伸出的临水平台	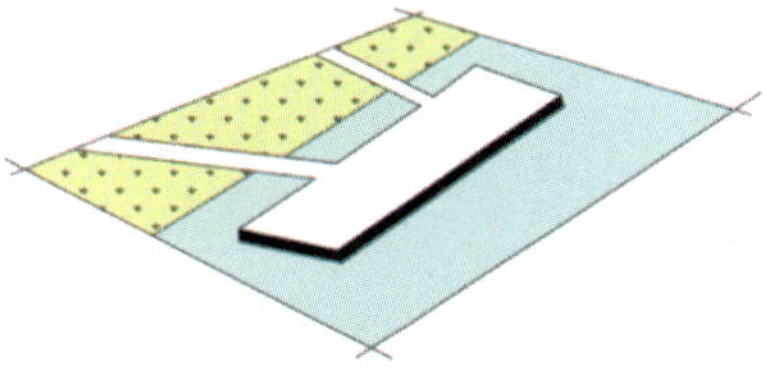	伸出的临水平台除了基本景观外，还可以注入更多的主题活动
19	水边台阶广场	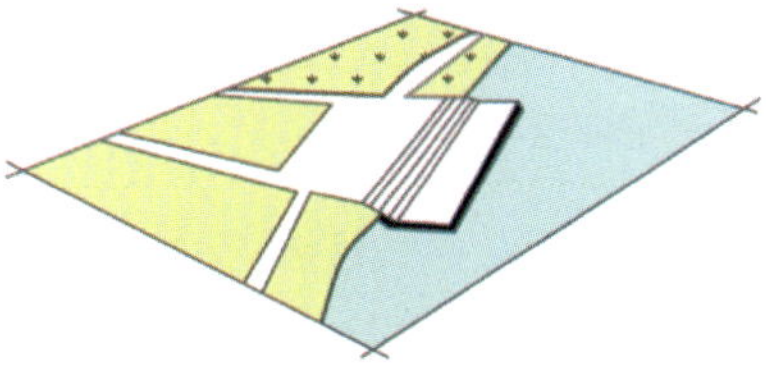	在进行滨水景观设计时经常采用的空间类型
20	阶梯状绿化	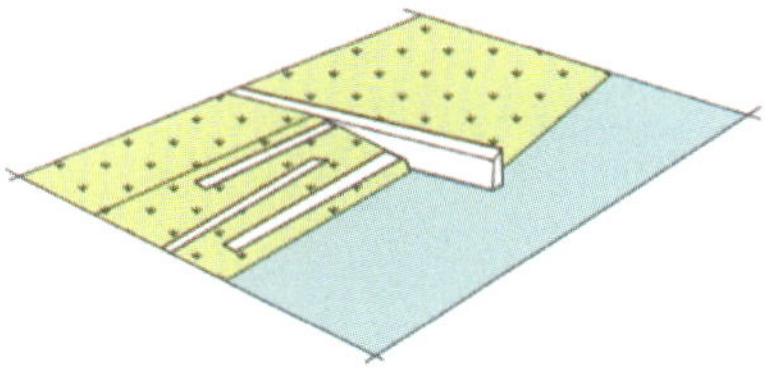	软化的台阶广场，视觉效果很不错

续表

序号	空间类型	图示	备注
21	凸出水边的绿地		一般用于滨水旧码头改造，不建议在滨水景观设计中使用
22	多层次立体平台		多层次立体平台（也可称为立体路径）能丰富滨水景观的类型，增强视觉效果
23	线状台阶广场		一般用于空间狭窄的滨水区域
24	网状高差路径		利用高差跌落来进行设计
25	交错重叠的滨水平台		交错重叠的滨水平台可增加亲水空间的趣味性
26	插入水中的斜面广场		插入水中的斜面广场常与临水建筑结合设计，也可用在主要节点广场

自然环境具有三个最基本的特性：整体性、区域性、变动性。整体性是指环境的各个组成部分和要素之间构成了一个有机的整体；区域性是指各个不同层次或不同空间的地域，其结构方式，组成程序，能量物质流动规模和途径、稳定程度等都具有相对的特殊性；变动性是指在自然和人类社会行为的共同作用下，环境的内部结构和外在状态始终处于不断变化的过程中。

此外，自然环境的特点还包括有限性、综合性、可调节性和开放性。有限性是指环境为人类发展提供的资源并非用之不竭的，环境对污染的容纳量也不是无限的；综合性说明自然环境已不是纯粹的天然环境，而是综合了一定社会因素的环境；可调节性表明自然环境是高度复杂的系统，当人类作用引起的环境结构与状态改变不超过一定限度时，环境系统的调节功能可以使这些改变逐渐消失，使其结构和功能恢复原貌；开放性表示环境是一个开放系统，有物质和能量的输入和输出。

在实际分析过程中，我们可以结合自然环境的这些特点，有针对性地进行亲水设施的建设。依据这些特点，也能使我们的规划方案更符合当地情况。

2. 亲水活动概念的提出

在调研的基础上，设计师对所得资料进行分析整理，提出亲水设施规划的核心概念，并明确亲水活动的具体类型、具体使用人群以及具体活动场所位置。设计师在实际设计时要遵守亲水设施规划原则，确保工程科学、高效地进行。

亲水设施规划包括以下五个原则。

(1) 在保留原有生态环境的基础上进行建设，一切亲水设施必须遵守环境优先的原则。

(2) 多听取专业人员的建议，以公众使用与环境保护为最终目标(图 4-3)。

(3) 亲水设施的设计要具备艺术性、观赏性、趣味性和游戏性(图 4-4)。

(4) 亲水设施各项功能应配置合理，同时要具备安全性、便利性和舒适性。

(5) 要具备防洪功能，重视防洪安全和紧急避难功能(图 4-5)。

3. 亲水设施总平面规划

亲水设施是滨水空间规划的重点，直接影响整体空间的形象和区域特点。

在布置亲水设施总平面时，要考虑到亲水设施与整体滨水空间内的其他设施相呼应，与周边的建筑小品能够合理搭配。一般情况下，沿水边际到堤岸可以逐步分布垂钓、亲水平台及游船码头等，从接触水的活动向运动休闲性活动过渡，形成立体空间布置(图 4-6)。

亲水设施的设置必须兼顾各种生物群落，应尽量远离动植物的生存环境，必要时可以设立一定面积的隔离区或者缓冲区，也可以设置小岛，利用水体隔离人与动植物，达到生态环境的平衡(图 4-7)。

图 4-3 保证公众使用率的亲水设施

图 4-4 具备观赏性、趣味性和游戏性的亲水设施

图 4-5 具备防洪功能和紧急避难功能的亲水设施

图 4-6 亲水设施的立体空间布置

图 4-7 亲水设施布置时应注意人与动植物的隔离

小/贴/士

亲水场地设施

1. 必要设施

从人们在亲水场地开展各种活动的需要以及生理、心理上考虑，滨水环境应设置必要的亲水设施，包括散步道（木栈道）、踏步、缓坡、桥廊亭等建筑物（构筑物），座椅、饮水装置、厕所等公共服务设施，自行车道等。

2. 功能区域场地

依据河川、湖泊、滨海等滨水空间范围尺度的大小，特别是在拥有大面积防洪防浪保护区的滨水空间，可以设置各种运动、休憩、集会、应急等功能区域场地。

3. 附属设施

人们在滨水空间参加各种运动和活动，特别是在兼顾旅游功能的滨水地区，必然有购物、餐饮、停车等需求。因此可以根据滨水空间的实际功能定位，设置一定数量的附属设施。但是，附属设施应考虑到应对各种突发情况的设计要求，如防洪防浪的要求。

当利用原有历史性建筑、码头、工厂、仓储等生产性设施来进行滨水设施的改造时，要充分保留原有历史肌理，了解清楚原有建筑物、构筑物、植被的历史文化价值。在对其进行修复、改造、重建的基础上，适当增加新的亲水设施，这些亲水设施要与原有的构筑物形成一个新的活动场所，设计时两者一定要统一。

在进行亲水设施的设计时应该着重考虑人们使用时的舒适性，设计要充分考虑人们的遮阳、遮雨、避风等需求和合理的步行间距。例如滨水区域的休息区，在靠近水域处必须设置足够高度的防护栏，防止发生意外事故（图 4-8）。

图 4-8 亲水区域应考虑使用者的舒适性

总平面规划图必须考虑到多条交通路径和应急路径，应该兼顾多功能一体化的要求，满足不同使用人群和不同情况下的使用要求。除此之外，还要合理布置停车场、商店、休息区、公共服务设施等辅助设施的位置，例如垃圾箱的布置应该与休息区域的位置相结合，信息指向牌应该安排在显眼的位置，特别是禁止行为的标识应该放在合适的地方。

4. 公开征集民众的意见

山川河海对于在此生活的人们来说都有特定的历史含义。每一条河流的流速、水质、颜色都不同，人们对它们的认识也不同。所以，主观的判断也会对河流、湖泊、滨海的特色产生一定的影响。

每一片土地都有自己的文化特色。同样的滨水景观，不同的人也会有不同的看法，不同的消费方式也会对滨水景观的商业建设产生影响。因此，设计师充分了解把握民众的生活与消费方式，有助于更好地进行亲水活动场所和亲水设施的设计。

在调研阶段和亲水设施规划阶段，设计师应该广泛地听取当地民众的意见，接受当地民众的建议，并将其纳入亲水设施的规划建设当中。

第二节 亲水设施的设计

一、亲水区域的设计

亲水区域的设计包含许多内容，设计师在进行亲水区域设计时需要重点考虑以下几个方面。

(1) 亲水区域是公众接触到水的区域，根据滨河、滨湖、滨海和亲水活动的不同特性，可以选择坡度较小或者阶梯状等形式来设计亲水区域（图 4-9）。

(2) 亲水区域设计首先得尊重自然，在设计时尽可能地减少人为的介入，以避免破坏自然环境系统的平衡，同时，要兼具趣味性、安全性、功能性和美观性。

(3) 亲水区域的整体设计要考虑到亲水设施与其他设施之间的连接，例如，亲水踏步可与木栈道、观景台、座椅、亭子等相接（图 4-10）。还要考虑到不同性别、不同年龄的人群对亲水设施的不同要求，提高设施的综合使用效益。

(4) 设计的安全功能要满足技术要求，一定要选质量上乘的安全设施，并定时检查、更新。在必要的情况下，需要设置栏

图 4-9　阶梯状的亲水活动场所

图 4-10　亲水踏步

杆、扶手、安全警示标识、安全救急设备(救生圈、救生棒等),以确保使用者的安全(图4-11)。

二、运动设施设计

运动是人日常生活中不可缺少的活动，因而滨水景观中基本都会配置运动设施。设计师在设计运动设施时应注意以下几个方面。

(1) 运动设施一般设置在防洪防浪保护区内或者堤岸外缘的保护隔离区内，可以根据场地的实际尺度综合考虑并设置相应数量的运动设施。

(2) 运动场地在设计时要尽量符合设计规范。例如篮球场标准规范规定，球场的长边为 28 m，短边为 15 m，球场的面积是从球场界限的内沿开始计算。

(3) 滨水空间是开放性公众场所，主要以观赏、休闲娱乐活动为主体，因此有些场地可以适当小型化，既能增加公众的参与感，也能活跃气氛。

(4) 运动场地以露天平整的空间为主，以方便开展集会、传统节假日等活动，尽可能避免设置支架、屋顶、围栏等，即使设置一些地上构架等装置，也要考虑易于快速拆除。

(5) 滨水边际距离堤岸小于 5 m 时，不建议设置运动设施和集会场地。因为这样不利于活动的开展，而且也具有一定的危险性，可以考虑设计一些散步道、自行车道等(图 4-12)。

图 4-11 亲水区域设置的安全栏杆

图 4-12　在滨水边际不足 5 m 的情况下设置散步道或自行车道

小／贴／士

滨水景观中人工场地的作用

在滨水景观自然生态环境中，人工场地设计要结合滨水区自身特色，既要保护其生态作用，还要满足滨水游憩功能，使滨水景观与人工场地协调统一，从而创造出独特的滨水景观。

1. 保护生态的作用

滨水景观中人工场地设计应运用生态学原理，计算并合理安排、利用天然资源，人为调控生态的能动性，应该在生态理念的指导下，以人与自然和谐共处为宗旨。

2. 满足游人在滨水区游憩的作用

滨水景观中人工场地设计主要表现在临水布置的道路，岸边设置的栏杆、园灯、果皮箱、石凳等。在道路内侧宜种植观赏价值高的乔灌木，以自然式种植为主，树间布置座椅供游人休息。在水面宽阔、对岸景色优美的位置，可临水设置较宽的绿化带、花坛、草坪、石凳、花架等。在规划建设中既要满足人类的需求，又要保护自然栖息地，将生态保护、休闲游憩和环境教育等功能结合起来，实现人与自然的和谐相处。

三、公共服务设施设计

公共服务设施是指城市、社区等公共空间的基本服务性功能设备，它能为市民进行生活、交流、娱乐等活动提供基础性服务，同时具有美化环境和改善环境的作用。公共服务设施首先要遵从安全性原则，即在公共服务设施中的建筑要避免尖锐利角。其次要遵从系统性原则，即在公共休息区内要设置垃圾桶，而垃圾桶的数量应该与座椅的数量相对应。最后要遵从审美性原则，公共服务设施设计的审美性不可小视，设计的美感可以增加使用者的使用频率，还能让使用者更加爱护公共服务设施，增强使用者对城市滨水景观的归属感和参与性。另外，公共服务设施还要遵从独特性、环保性以及指示性原则。

四、信息情报标识设计

信息栏、警示牌及导示系统是公开传递信息的重要媒介，对于滨水空间来说非常重要。它能帮助公众更好地了解滨水空间，增强公众对滨水空间的归属感与参与感。

信息栏等是记载滨水空间规划理念、历史文化、安全教育等各项信息的区域。建议将信息栏设置在人流量比较大的滨水区域，比如出入口、休息区等位置。信息说明文字应简洁、图文并茂，文字行间距可以加大，宜使用短句。

警示牌一般设置在有危险的地方，如深水地段、水草茂盛不适宜游泳的地段。警示牌是保障亲水活动区域安全的重要设施。警示标识应采用规范色彩和图例，明确后果和惩罚措施。

导示系统应该分级设置。一般主入口处放置一级导示；二级导示放置于重要节点，导示前方功能区位置、功能设施使用方式等；三级导示放置于某个或者几个功能设施的入口附近，涉及设施的具体位置和使用方式等。

涌　泉

清澈的泉水自池下砾石的缝间涌上，带有一串串亮闪闪如珍珠般的水泡，可在庭院中构成“珍珠泉”小景。在池底安装粗径涌水管，从管口涌出的水流自下而上涌出水面，在水面上形成噗噗跳跃的低矮水柱，成为名副其实的涌泉。

第三节
亲水设施的管理

一、滨水空间和亲水设施安全管理

滨水空间地处水陆交界处，受季节和气象影响，水体的水位会发生变化，严重时可能会造成洪水破堤的情况。同时滨水空间水分充足，空气比较潮湿，生物比较丰富，植被茂盛，亲水设施裸露在室外，历经风吹日晒，很容易腐烂、锈蚀或者被苔藓、地被植物覆盖，造成基础松动、表面湿滑，以致带来使用上的障碍和危险（图4-13）。

针对亲水区域的木栈道、步行道、运动设施、儿童游乐设施等亲水设施以及防洪防浪区域，工作人员必须定时进行检查，设立常态监控管理机制和应急管控机制，提高滨水空间和亲水设施的安全性。

二、亲水设施的管理维护

滨水空间主要因为受到自然因素的影响造成水位变化，从而造成使用上的困难，并有可能带来安全隐患。因此，亲水设施必须把管理维护和应急政策结合起来，做到防患于未然。

1. 日常维护管理

亲水设施的日常维护管理对象主要包括堤岸护坡、木质散步道、运动功能设施以及公共服务设施。

(1) 堤岸护坡。外部环境会引起堤防隐患的发生，在洪水幅度变化较大的河流上，往往会出现老险工与新险工的变位，部分堤防管理相对较为困难。在日常管理

防洪区是指洪水泛滥可能淹及的地区，分为泛洪区、蓄滞洪区和防洪保护区。

图 4-13　已经严重破损、腐烂的亲水平台

中要检查堤防上的百米桩、界标、警示牌、护路杆等是否丢失或损坏；检查堤身有无洞穴、雨淋沟、塌坑、裂缝、滑坡及害兽、害虫的活动足迹，沿堤设施是否受损，护岸石块有无松动、塌陷，护堤树木是否损坏等；每年在凌汛期前后、潮流前后，应对河道堤防工程与相关设施进行定期的检查；在洪水、风暴、地震与洪峰过后，检查工程的重点部分是否有损坏等。护坡要及时更换风化或冻毁的块石，并保证其嵌砌紧密；当护坡块石局部塌陷或垫层被淘刷，应先翻出块石，恢复土体和垫层，再将块石嵌砌紧密，及时修补干砌勾缝的脱落处(图 4-14、图 4-15)。

(2) 木质散步道。木质散步道，尤其是水边的木栈道，不仅是人们休闲散步之处，也是人们观赏水景、接触水体的重要设施(图 4-16)。木质散步道很容易因为受到雨水的冲刷而出现断裂、腐朽等现象，另外淤泥、杂草、垃圾等物体堆积在木质散步道上也会产生腐臭，造成木质散步道的使用障碍和危险。因此，工作人员一定要定期维修木质散步道，针对腐蚀的状况，需要及时清理腐烂的木板、沉积的泥土及垃圾。

(3) 运动功能设施。靠近自然水边际线的运动场地，会受到水流对岸边泥土的冲刷，基地容易疏松，甚至塌陷。滨水空间的运动型、儿童游乐型等各类功能设计也容易受到潮湿、涨水等的危害，相关设施如球架、游具、座椅等也会松动、锈蚀，需要及时更换或者防腐更新，工作人员可以建立设施管理机制，分类进行定期检查与维修，提高工作效率(图 4-17)。

(4) 公共服务设施。滨水空间人流量大，受到气候和季节影响，座椅、厕所、停车架、公交车站、信息栏、宣传栏、废物箱等公共设施容易受损，工作人员一定要经常开展维护管理工作，保证设施的正常使用。

2. 水害的对应管理

持续的暴雨也会造成地面湿滑，大量积水会影响城市交通和市民正常生活。针对水害，设计人员在设计规划时要提前拟定好相应措施，尽可能地采用透水地面铺装，因地制宜进行滨水空间的设计：可以拓宽河道，加宽湖面，为雨水流动提供更广阔的空间，避免因排水故障产生的洪水

图 4-14　容易滑倒的护坡

图 4-15　清理堤岸

图 4-16　木质散步道

图 4-17　儿童游乐设施经水流冲刷易锈蚀

问题；可以多种植绿化带，尽量采用自然型驳岸和护坡，以此解决局部范围的雨水径流问题；还可以在滨水空间设立人工水景，在暴雨期间存蓄部分雨水，减少局部地面的积水量。

在进行亲水设施的规划设计时，设计人员可以利用地势较低的场地，规划设计汇集周边雨水的人工湿地空间，以此缓冲周边地面的排水压力，同时也促进雨水向地下的回渗，补充地下水源；在距离水岸 100 ～ 300 m 的区域范围，应适当增加建筑和街道广场的占地比例，以提高城市滨水地带应对雨洪的综合能力；在局部雨洪积水风险较高的地点，可以采用植被屋面、人工水景、人工湿地、雨水沟渠等设计方式，对城市空间节点的蓄水排水功能进行

小／贴／士

滨水空间的管理机构组织框架

滨水空间和亲水设施的管理机构包括常设专职管理机构、专业水务行政管理机构和民间管理机构三部分。三者之间各有职责，统一指挥，分工协作，彼此配合。

1. 常设专职管理机构

常设专职管理机构指滨水空间的专职机构，也是第一责任人，主要负责滨水空间整体管理和设施维护工作，制定各项亲水活动的规章制度，组织各种群众性亲水活动，保障亲水设施和使用人群的安全。

2. 专业水务行政管理机构

专业水务行政管理机构主要管理水源安全、水资源调配、河床泥沙处理、堤坝安全等。

3. 民间管理机构

民间管理机构主要指当地民众的民间非营利性组织或者居委会基层组织等。

优化。这些措施都能很好地减轻水害压力，设计师要扩展思维，设计出更完善、更安全的滨水空间。

三、亲水空间的植被维护

植物具有生长规律，只要遵循其规律，对其进行修剪、施肥、防治病虫害即可。修剪是为了更好地调节水分、养分的供应，使植物生长健壮、枝繁叶茂，并按观赏要求剪成特殊的形状。一般花灌木应根据花芽着生的部位进行修剪，花芽着生在当年枝条的，可在冬季截短修剪；落叶植物在秋末落叶后至次年发芽前进行修剪；常绿针叶树在初秋进行修剪；常绿阔叶植物在春季进行修剪。定形之后还要经常修剪，以保持形状。

除了季节因素以外，施肥和用药除害还需要控制次数和用量，否则不仅会伤害植被，还会污染水体，也会对其他生物造成影响，不利于生态环境的保护。

四、安全信息管理

安全信息的管理要遵循及时、准确、详尽的原则，并兼顾教育宣传和警示功能。

1. 管理使用信息

(1) 介绍亲水设施的具体使用方式，包括不同设施使用的注意事项、使用人群等。

(2) 设置亲水设施预约、费用收取和奖惩制度，增强公众对亲水设施的保护意识。

(3) 宣传介绍河川、湖泊、海滨的历史文化、典故等，提高公众对亲水设施的热情和亲水设施的使用率。

(4) 发布集会、临时文化娱乐活动、传统节日活动等信息，丰富亲水区域，增强趣味性。

(5) 通过简易宣传手册，宣传介绍相关基本信息，扩大宣传效果，方便公众查阅信息。

2. 安全信息宣传教育

为了防止滨水空间发生安全事故，在设计中应该通过设置醒目的标识，开展防护演习活动，将教育与宣传相结合，必要时可以设立惩罚措施。

(1) 通过引导标识、提示说明标识和警示标识，规避危险，提高防范意识(图4-18)。

(2) 通过宣传册和文字图示标牌，使公

(a)

(b)

图 4-18 滨水区安全标识

众了解亲水设施的使用规范和潜在危险。

(3) 宣传遇险自救方法和呼救设备、救生设备的使用方法。

(4) 加强对钓鱼爱好者、游泳爱好者等特殊使用群体的安全教育，重点加强对儿童、青少年、老年人的安全意识教育。

第四节　案例分析
——深圳前海石景观岛的规划

一、工程介绍

1. 关于深圳前海

深圳前海深港合作区，全称“前海深港现代服务业合作区”，位于深圳南山半岛西部，伶仃洋东侧，珠江口东岸，由裕安路、新湖路、湖滨西路、月亮湾大道、妈湾大道、宝安大道和西部岸线合围而成。前海紧邻香港国际机场和深圳宝安国际机场两大机场，深圳—中山跨江通道、深圳西部港区和深圳西站、广深沿江高速公路贯通其中，于 2020 年全面建成（图 4–19）。

2. 建设优势

深圳前海深港合作区具备以下建设优势。

(1) 具有良好的海、陆、空交通条件和突出的综合交通优势。

(2) 政府大力支持，可享受各种优惠政策。

(3) 产业发展环境良好。

(4) 外资企业进驻增强了其综合实力。

(5) 对符合相关要求的前海境外高端人才免征个人所得税，可吸引更多高技术人才。

二、设计相关内容

1. 设计意图

用于连接城市与岛屿，增强城市与岛屿之间的联系，带动两地之间的经济发展，加大两地生态环境的维护力度，为未来可持续发展打下坚实的基础（图 4–20）。

2. 设计相关资料

在进行设计之前，对前海周边环境进行实地考察，包括周边人文环境、海洋环境、生态环境，相邻区域的地理环境特征、人口特色等（图 4–21）。

(a)

(b)

图 4–19　前海

图 4-20　整体区域鸟瞰图

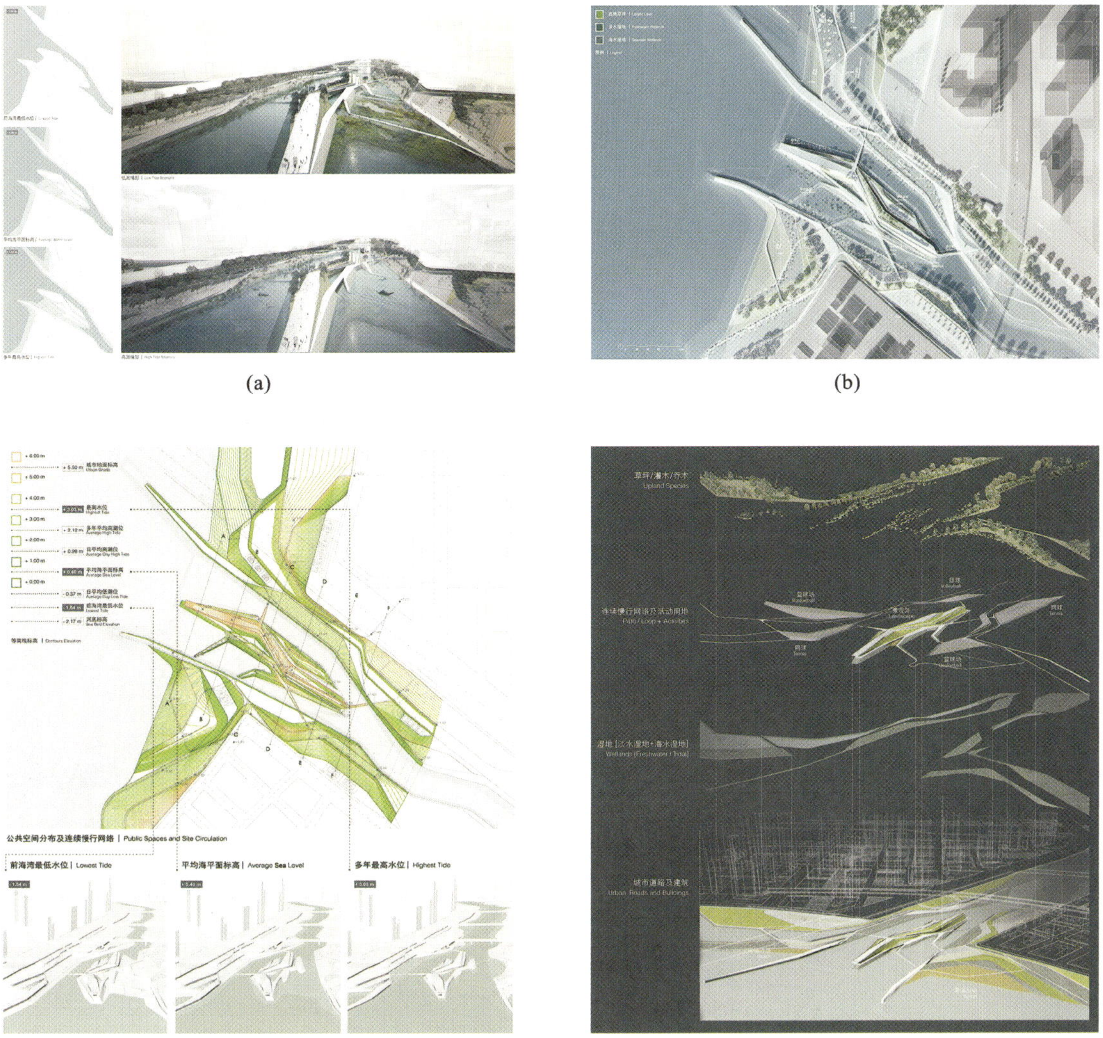

(a)　　(b)

(c)　　(d)

图 4-21　考察资料

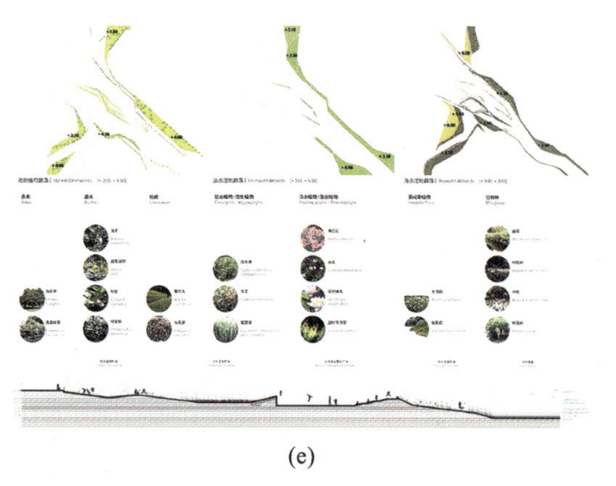

(e)

(f)

续图 4-21

3. 设计功能

前海的整体规划设计要涵盖娱乐、经济、休闲等功能，在规划设计时要考虑各方面的因素（图 4-22）。

4. 前海规划区域效果图与相关实景图

前海规划区域效果图与相关实景图见图 4-23 ～图 4-25。

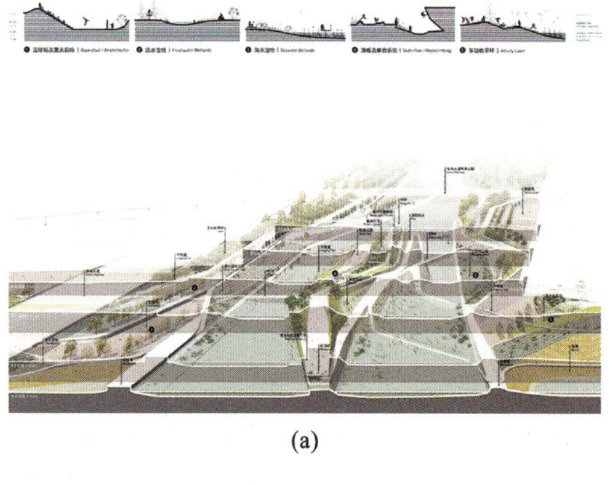

(a)

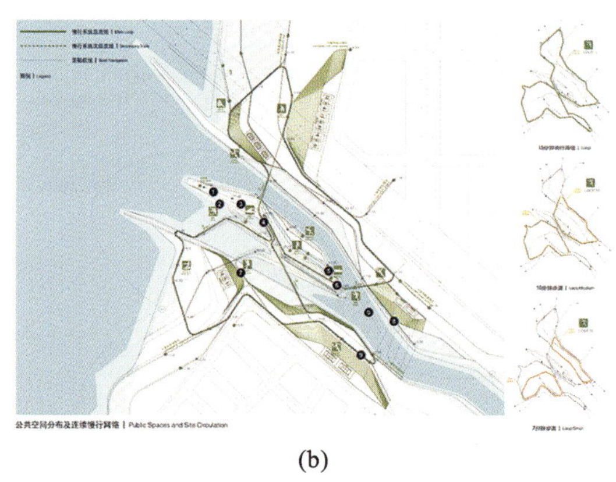

(b)

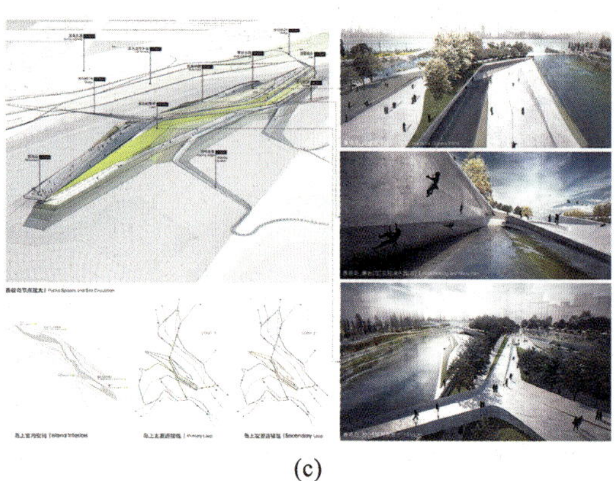

(c)

(d)

图 4-22　设计功能

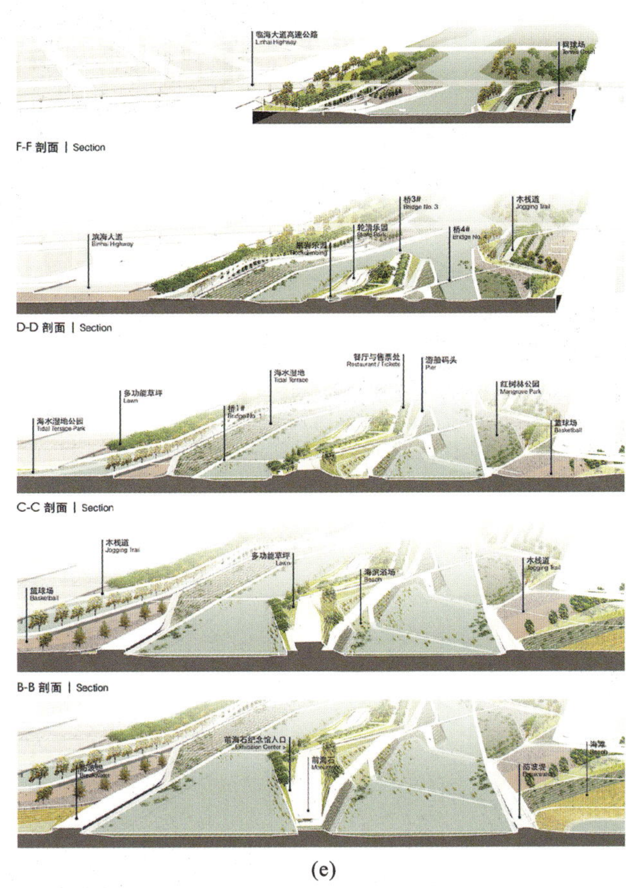

(e)

续图 4-22

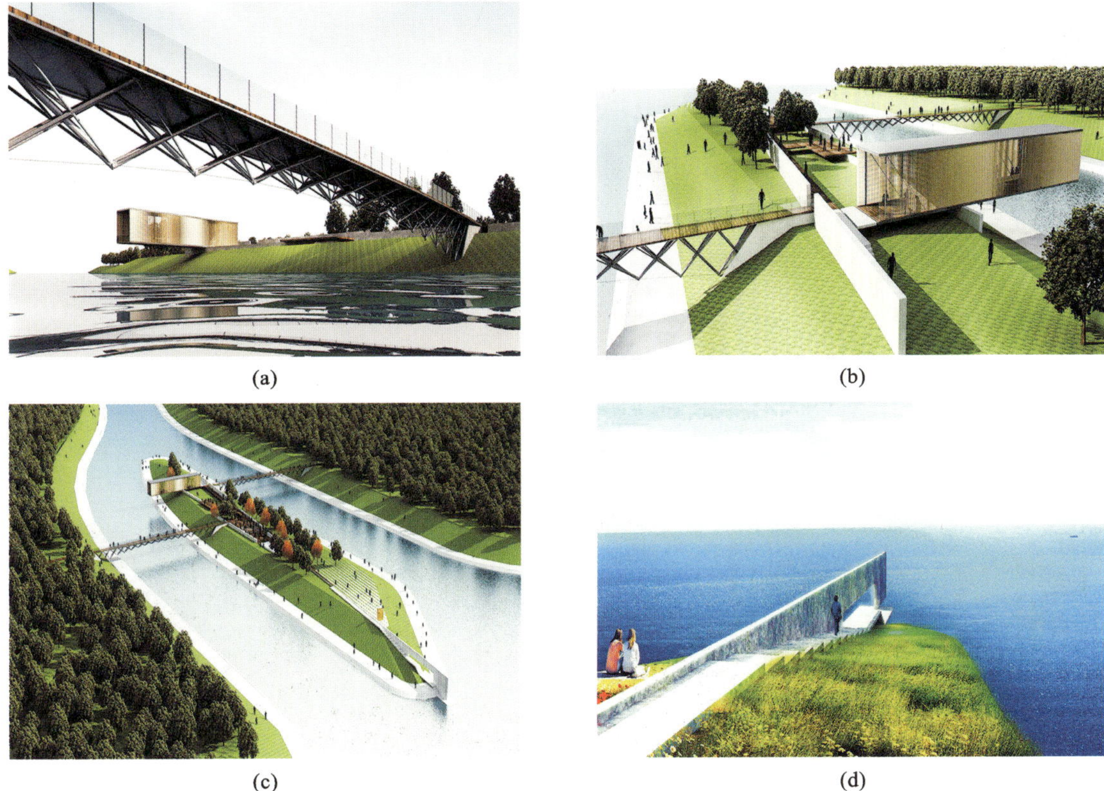

(a)　(b)

(c)　(d)

图 4-23　效果图

图 4-24　鸟瞰效果图

(a)

(b)

(c)

(d)

(e)

(f)

图 4-25　相关实景图

思考与练习

1. 解释亲水设施规划的目的。

2. 列表说明滨水景观水陆界面处理的空间类型。

3. 概括亲水设施规划的步骤。

4. 详细叙述亲水场地设施包含的内容。

5. 概述滨水景观自然环境特征包含的内容。

6. 设置亲水设施应注意哪些事项?

7. 在滨水景观中人工场地有哪些作用?

8. 概述亲水设施规划的原则。

9. 进行水边际设计需要注意哪些细节?

10. 滨水空间包括哪些管理机构?

11. 亲水设施的管理维护包括哪些方面?

12. 详细说明如何全面落实安全信息的宣传教育。

13. 以某一社区滨水景观设计为例，阐述如何在设计中充分考虑社区需求，实现社区共建、共享的目标。（思政思考题）

第五章

滨水景观设计与生态可循环

学习难度：★★☆☆☆

学习方法：了解生态保护的相关知识与事件，并尝试设计生态可循环设施

重点概念：设施规划、设施设计

章节导读

随着城市化的快速推进，滨水地带面临着大规模的开发与建设压力，滨水生态的保护与规划显得尤为关键。工业及居民用水需求激增，同时污水排放量亦随之上升，导致滨水生态环境逐步退化，滨水空间日益缩减。在此背景下，生态优先的设计理念应成为滨水景观规划的核心。在社会主义生态文明观的指导下，在滨水环境景观设计中融入生态理念，强调人与自然和谐共生的原则。本章内容涉及生态可持续设施的规划与设计，以及生态意识的培养与普及；结合相关图像资料和实际案例，旨在提供全面、系统的滨水景观设计框架；不仅关注技术层面的创新与优化，更强调在设计中贯穿生态文明的价值导向，促进社会公众对生态保护的认知和参与（图 5-1）。

图 5-1　生态系统效果图

第一节
生态可循环的规划

滨水空间是一个具有高度生态敏感性和物种丰富性的复杂区域，同时具备水生系统、陆生系统和水陆共生系统。因此，在进行滨水生态保护与设计时，一定要充分保留和发挥滨水自然景观的生态特征和生态功能，创造出一个动植物与人类和谐共存的多样化的、丰富的滨水空间（图 5-2）。

一、滨水生态保护与设计

滨水空间是典型的生态交错带，其水生、陆生、两栖类生物品种多样，既是人们观赏、考察的特殊区域，也是人们直接体会自然要素最多的场所（图 5-3）。在设计时需要把自然作为生命的源泉，尽可能考虑与自然结合，保护滨水生态。

图 5-2　滨水自然景观效果图

图 5-3 存在水污染的滨水景观

设计师在进行滨水生态保护与设计时，最大化和最优化利用水资源也是重点考虑内容之一。这主要体现在以下几个方面。

1. 水质污染的检测和评价

水质污染的检测和评价涉及水环境监测项目的分析测定、水体监测方案设计、水样的采集与预处理、水质评价与预测以及拟写水质监测报告等。对水质进行检测能够有效地帮助我们实施资源可循环战略。

2. 截污

截污是水污染治理的第一项工作，截污可以将污染物控制在一定区域内，方便集中处理，防止污染物扩散，能够更好地改善水质，也能够消除污染源对滨水区域生态的破坏。

水污染的治理可以采取全面截污、分散截污以及河边截污三种方式。全面截污效果比较好，但不适合大面积的截污；分散截污施工难度较大，但可以用于大面积的截污；河边截污施工比较简便，是比较常用的截污方式。

3. 合理利用水资源

水资源的合理利用主要表现在水资源的可循环利用和水资源的综合利用。

(1) 水资源的可循环利用主要是注意平衡开发带来的副作用和预期取得的社会效益，要保护生物多样性不受干扰以及生态系统的平衡发展，不可过量开发使用和污染可更新的淡水资源。

(2) 水资源的综合利用主要表现在水力发电、水运、渔业、水上娱乐用水等方面以及耗水的河外利用，如农业、工业及生活用水等。水资源综合利用的主要特点是把自然科学和社会科学结合起来，分析、解决某一地区的水资源合理开发和综合利用问题，并全面考虑技术、经济、社会、环境等因素，在开发利用水资源时要注意兼顾防洪、除涝、供水、灌溉、水力发电、水运、水产、水上娱乐及生态环境等方面的需要。

4. 污水处理

污水处理是排出的某一水体需要再次使用从而进行净化的一个过程。污水处理工艺就是对城市生活污水和工业废水进行处理的各种经济、合理、科学、行之有效的工艺方法，它被广泛应用于建筑、农业、交通、能源、石化、环保、城市景观、医疗、餐饮等各个领域。

人工湿地适合处理纯生活污水或雨污合流污水，生物滤池的平面形状建议采用圆形或矩形，填料应质坚、耐腐蚀、强度高、表面积大、孔隙率高，建议采用碎石、卵石、炉渣、焦炭等无机滤料。污水处理常用产品主要有石英砂滤料、活性炭、蜂窝斜管填料、无烟煤滤料、聚合氯化铝、纤维球滤料、石榴石砂等（图 5-4）。

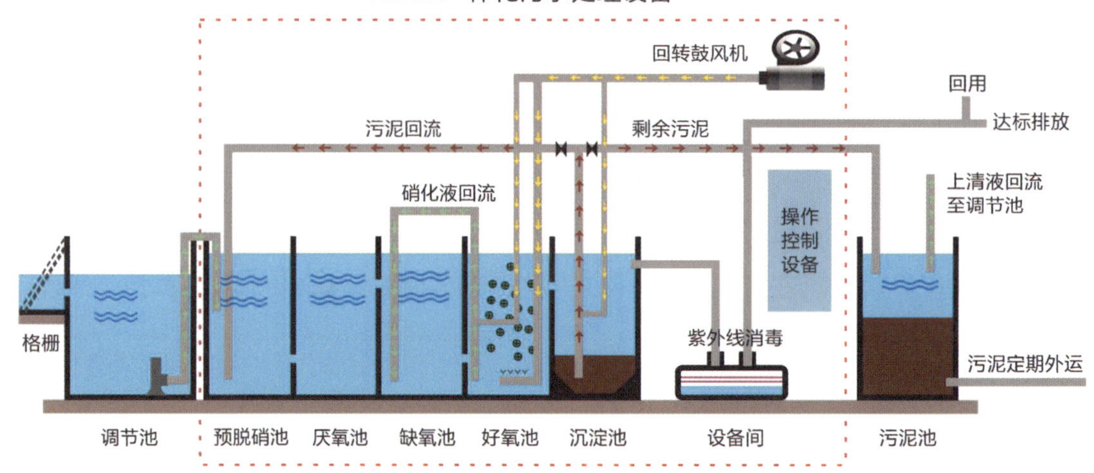

图 5-4　MBBR 一体化污水处理设备工作示意图

小贴士

进行生态化滨水景观设计

由于生态的系统性以及滨水空间在城市开放空间中占据重要地位，生态化的滨水休闲空间设计不能只局限于局部场所的设计，而要与城市整个开放空间系统相联系，即在宏观的区域生态规划、城市生态规划和城市生态设计阶段都必须考虑开放空间系统。在设计过程中，设计师应整体地看待生物圈中生态系统相互依赖的关系，生态思维的一个最为重要的特点便是强调整体研究的重要性和必要性。

二、生态规划原则

1. 生态等级控制

城市滨水区因其所处城市位置、地形、地质、自然条件不同，它在城市生态系统中的地位和作用也不同，具体表现在生态等级控制上。

2. 自然生态优先

滨水区开发既要划定、预留完整的滨水自然生态发展空间，阻止城市滨水生态环境的丧失和片段化，保护城市滨水生物多样性，同时又要在充分考虑城市滨水区自然承载力的基础上布置满足不同需求的居民活动空间及设施，创造人与生物共生的滨水开放空间（图 5-5）。

3. 保证生态适宜度

通过对城市自然生态以及各种环境因子的分析，规划人员最后提出城市生态适宜度的综合评价和分区。

图 5-5　遵守自然生态优先原则

小贴士

生态建设

滨水景观设计的生态建设包括以下内容。

(1) 根据不同功能和生态等级分区提出不同的生态建设要点。

(2) 侧重改造自然的滨水区域：以人工生态系统为主，以自然生态系统为辅。

(3) 侧重保护自然的滨水区域：以自然生态系统为主，以人工生态系统为辅。

4. 建立和保护完善的生态体系

滨水空间生物的多样化促成了其复杂的物种群落系统，不同品种的生物需要不同的生长环境，这就要求滨水空间具有多种功能。在进行滨水生态保护与设计时，设计师要了解各个物种之间的关系，调查现有动植物物种，以便更好地建立和保护完善的滨水生态体系（图 5-6）。

建立和保护完善的滨水生态体系主要可以从以下几个方面入手。

(1) 建立植被缓冲带。植被缓冲带一般是指坡度比较缓的带状植被区，主要功能是减少径流污染。一般通过植被拦截及土壤下渗的方式来减缓地表径流速度，以去除径流中的部分污染物，也具有增加下渗、延长汇流时间的作用（图 5-7）。

植被缓冲带一般位于滨水区域低影响开发雨水系统的河岸中游，主要适用于滨河道路等不透水下垫面的周边。植被缓冲带应尽量布置在阳光充足的地方，以便在两次降雨间隔期内使地面干透。

另外植被缓冲带应适量设置植草沟等对雨水加以引导和控制，这样雨水径流均匀地沿着植被缓冲带的最高点流下，可以避免流速较快的雨水集中汇入造成冲蚀。植被缓冲带与径流分散和流速减缓设施合用是最理想的选择，当边坡较大时，植被缓冲带建议设置成梯田式。

(a)

(b)

图 5-6　滨水生态体系效果图

(a)

(b)

图 5-7　滨水景观保留的自然植被

小/贴/士

河岸植被缓冲带的组成

1. 水土保持区

水土保持区紧邻水边，主要是由本地成熟林带和灌木丛组成的相对长期而稳定的群落。该区宽度一般在 10 m 以上。

2. 综合区

植被组成仍为本地水岸乔木和灌木丛，宽度一般为 30 ～ 100 m。此区可兼作娱乐休闲、散步道等用途。

3. 草本过滤区

位于缓冲带最外侧，植被以草本地被植物为主，主要功能是降低地表径流携带的面源污染物等进入河流的可能性，同时也能够作为动植物栖息地。

(2) 湿地保护和建设。在湿地保护和建设方面，相关部门应该加大保护力度，优化湿地保护空间格局，围绕湿地与生物多样性保护、湿地与水资源安全、湿地应对气候变化等，合理布局湿地保护空间体系，建立湿地保护长效机制，努力扩大湿地面积，增强湿地生态系统稳定性，推行流域和生态系统综合管理，加强宣传教育，提高全民湿地保护意识（图 5-8、图 5-9）。

图 5-8　滨水区域中的蓄水池

图 5-9　滨水区域中的湿地

第二节 生态可循环的设计

一、采用可再生能源

在滨水生态保护与设计中，可再生能源的利用是不可忽视的一个方面。可再生能源一般是指在自然界中可以不断再生、永续利用的能源，具有取之不尽、用之不竭的特点，主要包括太阳能、风能、水能、生物质能、潮汐能、地热能和海洋能等。在滨水生态保护与设计中，建筑系统、照明系统、景观设施系统都可以有效利用可再生能源，例如风能、水能和太阳能。

风能和太阳能的运用主要在于将其转换为电能，从而运用于照明和水景运行等。水能主要也是转换成电能，用于水利设施。可再生能源在滨水生态保护与设计中还有很大的发展空间，除了风能、水能和太阳能，其他可再生能源在今后也将会持续取得技术进步和实践成果（图 5-10）。

二、生态可循环的措施

1. 保留滨水自然生态空间

保留滨水自然生态空间必须遵循自然生态优先原则，即必须根据调查的生态资源状况，在动植物栖息的河道及河道两岸设立保护、恢复水生动植物生境和维护城市景观异质性的自然发展空间，并以此来恢复城市滨水退化的自然系统功能（图 5-11）。

2. 设置市民滨水活动空间

在保证自然生态优先和滨水环境承载力允许的前提下，还要满足市民对滨水空间的使用需求。因此规划市民滨水活动空间时，相应场所和设施的设置要避开规划的滨水自然发展空间，具体位置可根据居民分布、使用情况及交通情况等综合考虑（图 5-12）。

(a)太阳能景观灯

(b)风能的运用

图 5-10　可再生能源在滨水景观中的利用

(a)

(b)

图 5-11　滨水自然生态空间效果图

(a)

(b)

图 5-12　市民滨水活动空间

3. 绿化设置

(1) 把森林引入城市。把城市建在森林中，即在城市滨水区建立林带，这样不仅可以净化空气、调节气候，从根本上改善城市环境质量，还可以为城市提供绿色景观 (图 5-13)。

(2) 城市绿地和河湖水域是人与自然界接触的窗口，它把自然景色引入城市生活中，使人感受到生命的活力和清新的气息 (图 5-14)。

(3) 植物花卉以自身特有的色彩和质感成为城市景观的导引，其与背景建筑物和构筑物一起形成刚柔并济的风景画面 (图 5-15)。

4. 进行岸线设计

岸边环境是水体与陆地的过渡，在生态的动态系统中具有多种功能，可以设计岸线保护滨水景观生态，减缓城市建设对生态的冲击。

岸线具有多重作用：一是沟通作用，岸线是水陆生态系统或水陆景观单元内部及相互之间生态流动的通道；二是生境作用，岸线有自身的生物和环境特征，包含有水生、陆生、水陆共生等各种生态形式，也是物种的栖息地。因此水体岸线应选择生态型驳岸代替钢筋混凝土和石砌挡土墙的硬式驳岸 (图 5-16)。

图 5-13　滨水景观中的林带

图 5-14　滨水景观中的绿地和河湖水域

图 5-15　滨水景观中的植物花卉

(a)

(b)

图 5-16　生态型驳岸

5. 重视水体的廊道效应

河流廊道是城市滨水景观生态空间内物种迁移的主要渠道，其中滨水区的作用尤为重要。因此，保证滨水区绿化开放空间的连续性对城市物种多样性、空气流动、风向引导、减轻城市污染等都有着极其重要的意义。河流廊道能够保护城市主河流两侧的径流、湿地、开放水面和植物群落，构成一个连接建成区与郊野的连续畅通的带状开放空间，把郊外自然空气和凉风引入市区，从而大大改善城市大气环境质量（图 5-17）。

6. 保护和恢复自然

生态设计要求改变设计观念，以

图 5-17　重视水体的廊道效应

各种绿带，如林荫道、沿河绿带和防护林带等绿色走廊相互交叉，形成绿色网络，可以发挥良好的生态功能。

小贴士

生 态 水 景

生态水景主要是从生态、实用的角度来处理水景、建筑与人的关系。生态型水景住宅不仅强调以人为本，强调自然环境、物理环境等的舒适性、健康性，而且强调人与自然的和谐共处。

自然环境为底，以人工建设为图，以最大程度保留自然环境为前提，考虑城市景观格局的要求，根据人的行为心理学等知识，合理构思，组织空间，减少对自然空间的侵占，提高空间利用率（图 5-18）。

7. 治理城市水环境

作为城市滨水区游憩活动的主要承载体，水体水质的好坏客观上决定了滨水开发的成败，因此保证水体干净清澈是滨水开发的前提。城市水资源利用要以治污为本，这是保护供水水质、改善水环境的必然要求，也是实现城市水资源与水环境协调发展的根本出路。

8. 保护生物多样性

保护生物多样性的目的主要在于提升场地开发的绿地生态品质，尤其重视作为生物基因交流路径的绿地生态网络系统。相关部门鼓励以生态化的池塘、水池、河岸来创造高密度的水域生态，以多孔隙环境以及不受人为干扰的多层次生态绿化来创造多样化的小生物栖息环境，同时利用植栽物种多样化、表土保护来创造丰富的生物基础环境。

图 5-18　以自然环境为主进行生态设计

第三节　案例分析
——江苏宿迁鸣凤溥公园的规划

一、工程介绍

1. 关于江苏宿迁

宿迁，江苏省地级市，位于江苏省北部，地处长江三角洲地区，是长三角城市群成员城市，也是徐州都市圈、江淮生态经济区核心城市。

宿迁历史悠久、文化繁荣，古称下相、宿豫、钟吾，是西楚霸王项羽的故乡。京杭大运河穿境而过，北倚骆马湖，南临洪泽湖。宿迁自古便有“北望齐鲁、南接江淮，居两水（即黄河、长江）中道、扼二京（即北京、南京）咽喉”之称（图 5-19）。

2. 关于鸣凤溥公园

鸣凤溥公园位于古黄河沿岸，公园所在地块曾是城市建设中留下的一块长期闲置的空地。鸣凤溥，取意为“凤凰衔来的一颗水珠”，寓意吉祥如意。

作为宿迁打造海绵城市的试点公园，鸣凤溥的“城市绿芯”功能区根据“海绵城市”的建设理念，利用道路与水面的天然高差，以植物阶梯级过滤池的方式，在下雨时吸水、蓄水、渗水、净水，需要时将蓄存的水“释放”并加以利用，实现了景观与生态的深度融合（图 5-20）。

(a)

(b)

(c)

(d)

图 5-19　宿迁风景

(a)

(b)

图 5-20　鸣凤溥公园

二、相关设计

1. 设计内容

鸣凤溥公园占地 25000 m^2，设有“浪漫花径”“水塬天地”“水湾栈道”“城市绿芯”四个功能区。公园的最北侧是一组造型独特的公共设施，这里不仅有全国一流的公厕，还有提供便民服务的设施。最基本的公共设施在精心设计之下也变成了美景，与公园相依相衬。

公园的“浪漫花径”利用草花混播等

种植手段，选择了花期较长的黄金菊、松果菊等宿根花卉组合，并栽植了垂丝海棠、樱花、碧桃等小乔木，将小径两侧打造成花海景观（图 5-21）。“水塘天地”则以黄河两岸的地貌特征为灵感，因地制宜、因势造景，通过一条发源自高处的小溪将之串联，沿途布置各种戏水互动装置（图 5-22）。另一个功能区“水湾栈道”的概念取自黄河“九曲十八弯”的形态。古朴的木质栈道绵延曲折，好像一只金色凤凰安静地栖息在水面（图 5-23）。古老的黄河与静谧的池塘流通交汇、蜿蜒流淌。同时，河岸两侧种植茭白、浮萍、金鱼藻等水生植物，不仅可以净化水质，还可以营造出水绿相映的岸线景观（图 5-24）。

2. 设计的意义

鸣凤溥公园是以古黄河生态走廊为建设目标，对古黄河沿岸进行生态修复，营建统一风格的沿河景观。鸣凤溥公园的建设更好地保护了沿河生态，进一步优化了城市绿地布局，提升了城市的人居环境。

3. 设计相关图纸

鸣凤溥公园的相关设计图纸和实景图见图 5-25 ～图 5-27。

(a)

(b)

图 5-21　浪漫花径

(a)

(b)

图 5-22　戏水互动装置

(a)　(b)　(c)　(d)

图 5-23　木质栈道

图 5-24　水绿相映的岸线景观

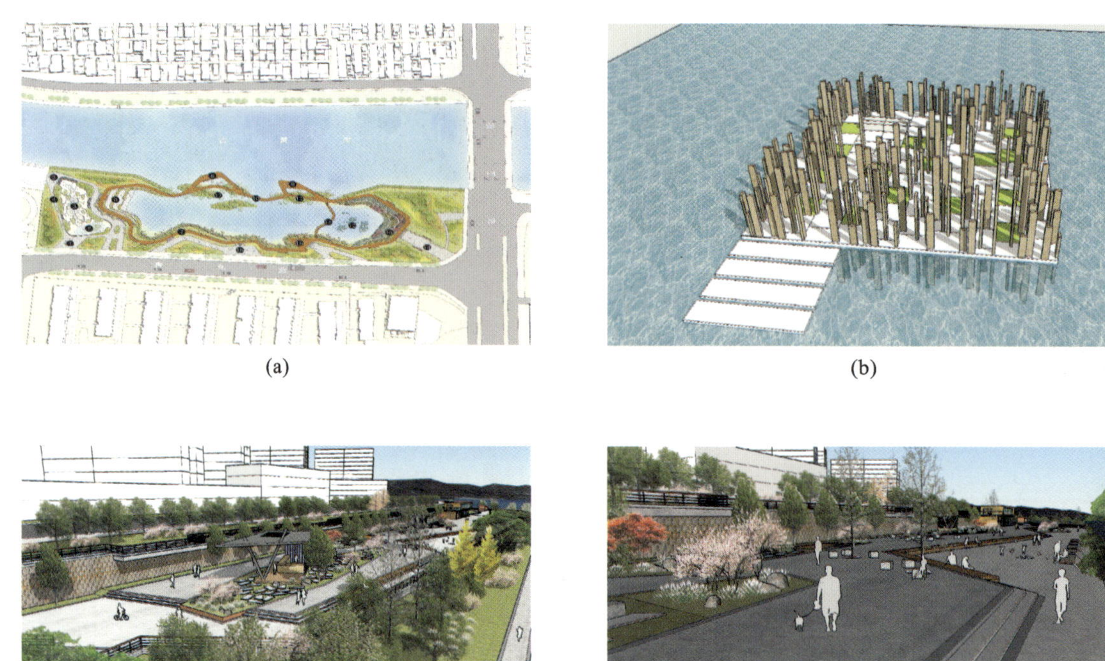

(a) (b) (c) (d)

图 5-25　相关设计图纸

(a) (b) (c) (d)

图 5-26　实景图

(e)

(f)

续图 5-26

(a)

(b)

图 5-27　鸟瞰图

思考与练习

1. 滨水生态保护有哪些内容?

2. 详细说明如何更好地利用水资源。

3. 生态规划包括哪些原则?

4. 设计师在进行生态建设时应注意哪些细节?

5. 如何建立完善的滨水体系?

6. 概括河岸植被缓冲带的组成。

7. 阐述如何进行生态可循环的建设。

8. 进行岸线设计应注意哪些事项?

9. 保护生物多样性有哪些措施?

10. 滨水景观设计如何进行绿化设置?

11. 维护水系生态环境的相关措施有哪些?

12. 分析滨水景观设计中的美学元素如何与道德教育相结合，引导人们树立正确的审美观和道德观。（思政思考题）

第六章

滨水景观设计的细节处理

学习难度：★★★★☆

学习方法：了解滨水景观设计所用的相关材料，赏析并学习优秀滨水景观设计案例

重点概念：临水区设计、铺装材料、植物景观

章节导读

在着手实施一项全面的滨水景观设计项目时，至关重要的一点是必须全面审视与滨水区域相关的众多要素。这不仅要求在设计过程中有对潜在问题的预见，亦需要针对这些问题提出有效解决策略。本章深入探讨滨水景观设计的细节处理，涉及水际地带的设计规划、铺装材料的选择以及植被景观的配置等方面。在此过程中融入思政元素，强调在设计中贯彻绿色发展理念和生态文明建设的重要性。本章通过细节讲解，旨在为滨水景观设计提供全面、科学、符合社会主义生态文明建设要求的方法论（图 6–1）。

图 6-1　驳岸

第一节
关于临水区

临水区主要是指边际驳岸，建于水体边缘和陆地交界处，是沿河地面以下保护河岸、阻止河岸崩塌或冲刷的构筑物。临水区主要采用工程措施加固，可以保护水体免受各种自然因素和人为因素的破坏，是一种用来保护滨水景观水体的设施。

边际驳岸可以分为人工式边际驳岸和自然式边际驳岸两类。人工式边际驳岸主要是用石料、砖或混凝土等砌筑而成，也会相应搭配一些植物；自然式边际驳岸主要是以植被为主、以其他石料为辅（图 6-2）。驳岸最好直接建在坚实的土层或岩基上。如果地基疲软，应作基础处理，边际驳岸每隔一定长度要有伸缩缝，其构造材料和填缝材料应力求经济耐用，施工方便。寒冷地区边际驳岸背水面应做防冻胀处理，人工边际驳岸建议选择坚实的大块石料为基础砌块。

一、堤防

堤防一般是指水利堤防，指在江、湖、海沿岸或水库区、分蓄洪区周边修建的土堤或防洪墙。但滨水景观中的堤防要结合当地的地理环境特点进行设计。

设计堤防首先要保证其防洪功能，可以运用植被设置堤防，尽可能使用缓坡，缓坡上可以采用覆土或者铺贴特定的瓷砖来覆盖。如果堤防相对比较高，可以在堤防上设计眺望型景观，还可以设置观景台、观演台等，以此丰富堤防的设计（图 6-3）。

图 6-2　自然型驳岸

(a)

(b)

图 6-3　堤防

二、驳岸

驳岸设计要重视其防洪功能，建设驳岸的目的是保护滨水景观中的水体。驳岸设计必须符合技术要求，同时还要具有造型美，驳岸从另一方面来说也是亲水平台，在设计时也要考虑其亲水性和安全防护功能，最好在驳岸边设立相应的防滑措施(图 6-4)。

驳岸设计还要考虑到与周围环境的和谐统一，采用相应的植物与之搭配，可以使驳岸上的风景与水中的风景充分融合，并且还能对水面空间的滨水景观起到一定的主导作用。驳岸依据其材料可以划分为土驳岸、石驳岸、混凝土驳岸等。

1. 驳岸的作用

驳岸是滨水景观设计中的一大重点，

图 6-4 亲水性驳岸

可以防止因为冬季冻胀、风浪淘刷、超重负荷而导致的岸边塌陷，有效地维持水体的稳定性，并且可以构成园景、岸坡之顶，为水边游览道提供足够的用地空间。游览道可以临水建设，这样有利于拉近人与水景的距离，也能提高滨水景观的亲和力。在水边的游览道上，人们还可以观赏美景、散步，也能在岸边的长椅上休息。

水体驳岸工程的建设在很大程度上使滨水景观的游览功能得到了有效的保障。为了兼顾滨水景观的美观性，更好地丰富滨水景观，设计师可以将驳岸设计成山石驳岸、混凝土驳岸、草坪驳岸、花草驳岸、灌丛驳岸等 (图 6-5 ～图 6-8)。

滨水景观驳岸设计一定要坚持实用、经济和美观相统一的原则，要综合多方面的因素统筹考虑，将设计与生态保护很好

图 6-5 山石驳岸

图 6-6 混凝土驳岸

图 6-7 草坪和山石相结合的驳岸

图 6-8 草坪驳岸

地融合在一起，相互兼顾，能够更有效地维持水体稳定，提高岸坡的牢固性。驳岸设计还能与其他水景协调统一，达到相当显著的美化效果。

另外，驳岸依据其组成部分可以分为水下基础部分、常设水位至水底部分、常设水位与最高水位之间的部分以及不受淹没的部分。设计师在设计驳岸时要弄清楚这几部分所代表的含义，并依据技术要求进行施工，设计前也要考虑到驳岸可能被破坏的原因，并提前做好备案。还应注意的是，如果设计的驳岸与原有驳岸相交接，则必须注意两者的协调性和延续性。

2. 驳岸的类型与选材

不同的驳岸所选择的材料会有所不同。普通驳岸一般建议选用砌块来建设，例如砖、石、混凝土等；缓坡驳岸建议选择砌石、块石、人工海滩砂石等进行建设；

阶梯驳岸建议选择踏步砌块、仿木阶梯；带河岸裙墙的驳岸建议选用木桩锚固卵石来建设，也可以选择边框式绿化建设；带平台的驳岸建议采用石砌平台；而缓坡、阶梯复合的驳岸可以选择阶梯砌石，搭配缓坡种植绿植。除此之外，驳岸的类型还有许多种，在选择材料时依据其功能和使用环境来选定即可。

3. 驳岸的种类

依据驳岸所选材料的不同，可以将驳岸分成不同种类，在具体设计时可根据需要进行选择（表 6-1）。

表 6-1　常见的驳岸种类

序号	名　称	设 计 方 法	备　注
1	山石驳岸	采用天然山石，不经人工整形，顺其自然石形砌筑成崎岖、凹凸变化的自然山石驳岸	这种驳岸适合水石庭院、假山山涧等水体
2	整形石砌体驳岸	利用人工整形而成的形状规则的石条，整齐地砌筑成条石砌体驳岸	这种驳岸规则整齐、工程稳定性好，但造价较高，多用于较大面积的规则式水体
3	浆砌块石驳岸	采用水泥砂浆，按照重力式挡土墙的方式砌筑块石驳岸	一般会用水泥砂浆抹缝，使岸壁壁面形成冰裂纹、松皮纹等装饰性纹理
4	干砌大块石驳岸	不用任何胶结材料，只是利用大块石的自然纹缝进行拼接镶嵌，在保证砌叠牢固的前提下，使块石前后错落，富有变化，以形成大小、深浅、形状各异的石峰、石洞、石孔、石峡等形态的驳岸	这种驳岸缝隙密布，生态条件比较好，有利于水中生物的繁衍和生长
5	钢筋混凝土驳岸	以钢筋混凝土材料建成的驳岸	这种驳岸的整齐性、光洁性和防渗性都最好，但造价高，宜用于重点水池和规则式水池，或在地质条件较差的地形上建水池
6	板柱式驳岸	使用材料较广泛，一般用混凝土桩、板等砌筑而成	这种驳岸的岸壁较薄，不宜用于面积较大的水体，多适用于局部的驳岸处理
7	塑石驳岸	用砖或钢丝网、混凝土等砌筑骨架，外抹（喷）仿石砂浆并模仿真实岩石雕琢其形状和纹理而形成的驳岸	这类驳岸类似自然山石驳岸，但整体感强，易与周边环境相协调
8	仿石桩、竹驳岸	利用钢筋混凝土和掺色水泥砂浆塑造出竹林、树桩等形状作为岸壁的驳岸	一般设置在小型水面局部或溪流小桥边，别有一番情趣

小/贴/士

破坏驳岸的主要因素

1. 地基下沉

由于水底地基荷载强度与岸顶荷载不相适应而造成地基均匀或不均匀沉陷，使驳岸出现纵向裂痕，甚至局部塌陷。冰冻地带在池水不深的情况下，会因冻胀引起地基变形。如果以木桩做桩基，则因桩基腐烂而下沉。

2. 水体浸透、冬季冻胀力的影响

驳岸从常水位至水底的层段常年被淹没，其破坏因素是水体浸透。我国北方冬季天气较寒冷，水渗入岸坡中冻胀后便使岸坡断裂。冰冻的水面在冻胀力作用下，对常水位以下的岸坡产生推挤力，把岸坡向上、向外推挤，而岸坡的土壤产生的冻胀力又将岸坡向下、向里推挤，这样便造成岸坡的倾斜或移位。

三、护坡

护坡的主要作用是防止滑坡、减少地表水和风浪对岸坡的冲刷，保证岸坡的稳固性。

1. 护坡砖

护坡砖的砖体由高强度粉煤灰或混凝土加工而成。施工时要对岸坡基层进行夯实，铺撒厚度为 100 mm 的碎石，再将护坡砖按设计要求整齐地铺装。对于坡度较大的水景岸坡可以使用钢钉固定，铺设完毕后在砖体缝隙填充卵石或植草，护坡砖制作后需要浇水养护 10 天左右才可以正常使用（图 6-9）。

2. 混凝土护坡

混凝土护坡强度较高，一般用于大面积水景坡岸边，为了防止护坡因长

(a)

(b)

图 6-9　护坡砖

(a)

(b)

图 6-10　混凝土护坡

期浸泡而开裂，一般要将护坡处理成带装饰凹槽的形态。混凝土基层处理时要将地基高度夯实，铺设厚度在 150 ～ 250 mm 之间的碎石并压实，必要时做防水层，采用 C25 混凝土浇筑，待干后使用 1:2 水泥砂浆抹面整平。混凝土护坡制作要求较高，表面要求平整光洁，可以在表面继续铺贴瓷砖、石材等装饰材料（图 6-10）。

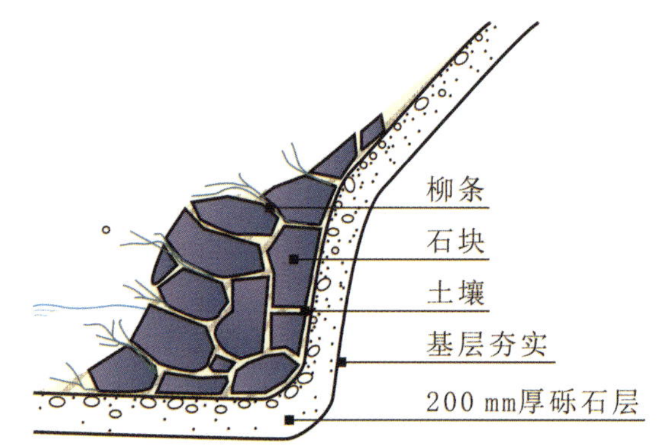

图 6-11　编柳抛石护坡

3. 编柳抛石护坡

编柳抛石护坡是采用新截取的柳条呈“十字交叉编织”，编柳空格内抛填厚度在 200 ～ 400 mm 之间的石块。石块下设厚度为 100 ～ 200 mm 的砾石层以利于排水并减少土壤流失。柳格平面尺寸为 300 mm × 300 mm 或 1000 mm × 1000 mm，厚度为 300 ～ 500 mm，柳条发芽便成为保护性较强的护坡设施。编柳时在岸坡上用铁钎开凿间距为 300 ～ 400 mm、深度为 500 ～ 800 mm 的空洞，在空洞中顺根的方向打入直径为 50 ～ 80 mm 的柳橛子，橛顶高出石块顶面 50 ～ 150 mm（图 6-11）。

4. 块石护坡

铺设块石护坡前要先整理岸坡，选用边长在 180 ～ 250 mm 之间的石块，最好是长宽比为 1:2 的长方形石料，要求石料比重大、吸水性小。块石护坡还应有足够的透水性，以减少护坡上土壤的流失，需要在石块下面设反滤层垫底，并在护坡的坡脚处设置挡板。在水流流速不大的情况下，块石可设在砂层或砾石层上，否则应以碎石层做反滤垫层。如果单层铺石厚度为 200 ～ 300 mm，可采用厚度为 150 ～ 250 mm 的垫层；如果水深在 2 m 以上，则可考虑下部护坡用双层铺石；如果上层厚度为 300 mm，下层厚度为 200 ～ 250 mm，砾石或碎石层厚度应为 100 ～ 200 mm；位于不冻土地区的园林浅水缓坡岸，如果风浪不大，只做单层块石护坡即可，有时还可用条石或块石干砌，坡脚支撑亦可相对简化(图 6-12)。

5. 草皮护坡

草皮护坡由低缓的草坡构成，坡岸土壤以轻亚黏土为佳。由于护坡低浅，能够很好地突出水体的坦荡辽阔，而且坡岸上青草绿茵，景色优美，这种护坡在园林湖池水体中应用十分广泛(图 6-13)。

6. 卵石、砾石以及贝壳护坡

卵石、砾石以及贝壳护坡是将大量的卵石、砾石与贝壳按一定级配与层次堆积于斜坡的岸边，既可适应池水涨落和冲刷，又能呈现自然特色。有时将卵石或贝壳黏于混凝土上，组成形形色色的花纹图案，能增强观赏效果(图 6-14)。

7. 土护坡

为了防止泥土崩塌，土护坡坡度不能太陡，所占面积自然较大，因而在小规模庭院中很少采用。如果庭院面积较大，处理得当，土护坡会产生很好的效果。土护坡周边芦苇丛生，有紫藤等植物舒展于水面之上，既能保护土护坡，又增添山林景色，形成自然生动的观景效果(图 6-15)。

(a)

(b)

图 6-12　块石护坡

(a)

(b)

图 6-13　草皮护坡

图 6-14　卵石护坡

(a)

(b)

图 6-15　土护坡

第二节
关于材料

滨水景观铺装所用的材料有很多种，除了依据风格来选择材料外，还要看材料的特性，本节主要介绍如何选择滨水景观中的铺装材料。

一、软质类铺装材料

软质类铺装材料主要是指质量比较轻，质地比较柔和、松软的材料，它们普遍具有质地疏松、粗糙的特点，色调以淡色调为主，也可以根据需要进行色彩的调节，铺装效果较其他类型的铺装材料更自然，也比较贴合周边环境。

1. 人造草坪

人造草坪要定时养护，每隔一段时间就应用专用毛刷将草苗梳理一次。在人造草坪处还应设计一定数量的垃圾箱，及时清理垃圾，高温环境下要避免清扫草坪（图 6-16）。

2. 沙质类

有一些细沙也属于软质铺装材料，例如亲水设施旁的游戏沙坑。填充沙坑选用的沙必须经过细致的筛选，确保质地松软，没有尖锐的石块，以免误伤孩童。为了保证游戏沙坑内的清洁，要在沙坑外设立“禁止宠物入内”的标识，沙坑内的沙也要定时更换(图 6-17)。

3. 沥青混凝土铺装

纯混凝土铺装强度比较高，不容易受温度的影响，夏季高温时有重物压过也不容易变形，但是纯混凝土铺装的缺点是路

图 6-16　人造草坪

图 6-17　游戏区域的沙坑

面没有弹性，容易开裂，并且开裂后不容易修补。而纯沥青铺装路面柔软性比较好，减震能力比较强，但是抗压性能比较差，耐候性也比较差，不适合在高温情况下施工。沥青混凝土铺装可以很好地将两者的优点结合起来（图 6–18）。

二、硬质铺装材料

1. 木材铺装

木材铺装一般指的是将原木条依据设计裁截成不同大小、不同厚度的木块，主要用于地面铺装和家具制作。木材属于暖性材料，木材铺装会给人带来一种温馨、舒适的感觉，因此在滨水景观中使用较多（图 6–19）。

木材铺装常用于临水平台、木栈道以及各种滨水建筑小品的下方。运用于临水平台旁的木材要做好防水处理，可以在铺设之前涂抹一层防水剂。木栈道上的木材铺装要定时监测木材是否有断裂或腐蚀的情况，腐蚀不严重的木材要及时做防腐处理，已经断裂的木栈道一定要停止使用，尽快更换木材，重新铺装，以免发生坠落事故。

木材也是一种极具吸引力的地面铺装材料，木材的多样性可以适应多种铺装风格，能够与周围环境很好地融合，还可以用于铺设坚固的平台以及坚固的脚踏石等。在植物比较丰富的滨水区域，木材铺装也能与周边环境取得相得益彰的视觉效果。另外，木材还具有比较好的散热性，能够为公众提供一个清爽的环境。除了使用木材铺装外，还可以使用木屑或者树皮来铺贴地面，这些不同

图 6–18　沥青混凝土铺装

(a)南方松铺装

(b)杉木铺装

图 6-19　木材铺装

形式的材料组合也能增加景观的层次感和艺术性。

2. 透水混凝土铺装

透水混凝土铺装是一种新的环保型、生态型的铺装形式，由于其环保性能很强，受到越来越多的关注。现代城市的地表多被钢筋混凝土的房屋建筑和不透水的路面覆盖，一经日晒，很容易干裂。与自然的土壤相比，普通的混凝土路面缺乏呼吸、吸收热量和渗透雨水的能力，因此会带来一系列的环境问题。混凝土因此也一直被认为是破坏自然的元凶，而新型的透水混凝土铺装能够形成连续孔隙，创造与自然环境的衔接点，因此被广泛使用（图 6-20）。

透水混凝土铺装的施工不应在大雨和大风环境下进行，建议选择在温度为 3 ～ 35 ℃的环境中施工。铺装地坪施工干燥凝固之后要做好养护工作，要在干燥 2 ～ 3 天后冲洗地面。冲洗时要保证整片地面冲洗一致，冲洗之后要涂覆养护剂，一般建议冲洗后待地面完全干燥无水分 1 天后涂覆养护剂，这样有利于地面防污染、防滑工作的进行，也能再次强化地面。此外还要注意，透水混凝土铺装的养护阶段必须防止人员随意进出或者进行其他操作。另外彩色透水混凝土铺装材料可采用洒水、覆膜、涂养护剂等方法进

(a)

(b)

图 6-20　透水混凝土铺装

小贴士

混凝土铺装的缺点

混凝土铺装主要有以下三个缺点。

(1) 混凝土铺装有很强的反射率，在夏日阳光的暴晒下，行人往往对大片混凝土铺装的热反射感到不适。

(2) 混凝土铺装不透水，雨天路面径流量较大，因此需要在铺装两侧铺设下水管道。

(3) 混凝土铺装色彩单调、形式呆板，美观性不强。

行养护（图 6-21、图 6-22）。

透水混凝土铺装具有以下优点：调节城市空间的温度和湿度，改善城市热循环，缓解热岛效应；防止路面积水，夜间不反光，增加路面安全性和通行舒适性；可以根据需要设计图案，充分与周围环境相融合；能使雨水迅速渗入地下，还原地下水，保持土壤湿度；当集中降雨时，能减轻城市排水设施的负担，防止河流泛滥和水体污染；大孔隙率有助于降低车辆行驶的噪声强度，创造舒适的交通环境，吸附城市污染物（如粉尘），减少扬尘污染；

图 6-21　添加色彩后的透水混凝土铺装

(a)

(b)

图 6-22　不同纹样的透水混凝土铺装

易于维护，孔隙不会破损、不易堵塞。透水混凝土铺装的这些优点使其成为滨水景观建设中的重要材料。

3. 碎石铺装

碎石是大自然中一种常见的材料，造价比较低廉，施工方便，在滨水景观中，碎石铺装能够创造出非常自然、质朴的效果。碎石铺装的地面不仅干爽、稳固，而且还很坚实，具有很强的透水性，有利于生态环境的优化（图 6-23）。

图 6-23　碎石铺装

4. 卵石铺装

卵石是最为普遍的铺地材料之一。卵石具有简约感和复古感，能够很好地和周边环境融合。卵石铺装可以很好地美化滨水区域的环境。卵石铺装的道路还具有很强的防滑性和平稳性。铺装卵石要密实干净，铺贴之后要在卵石表面均匀地撒上水泥粉，水泥粉经水冲洗后会流到卵石的空隙里，可以形成一道水泥浆，水泥浆凝聚后会显得很光洁，这样不仅可以再次稳定卵石，也有利于进行清洁工作（图6-24）。

5. 板岩铺装

板岩是具有板状结构的一种变质岩，主要作为建筑材料和装饰材料使用，板岩拥有一层特殊的层状纹理，自成特色，质地也比较细腻。板岩铺装在滨水景观中可以表现出一种返璞归真的效果，能够表现出大自然的历史变化，比较适用于临水区域的道路铺装（图6-25）。

板岩基本没有重结晶，含铁的板岩主要表现为红色或者黄色，含钙质的板岩主要表现为黑色或者灰色，因此板岩一般以颜色来命名，例如灰绿色板岩、红色板岩。含钙质的板岩遇到盐酸会产生气泡，在铺装时要注意这一点。另外，板岩中一般不含有矿物质。

6. 景观砖铺装

景观砖铺装主要是以景观砖为材料进行不同形式的铺装。进行规则式景观砖铺装时必须要拉线，要确保铺装平直顺畅，铺装的粘贴层建议选择1:3的干硬性水泥浆，铺装完成后要进行表层细砂扫缝，做好成品保护工作。

图6-24　卵石铺装在景观中的运用

图 6-25　板岩铺装在景观中的运用

景观砖的尺寸不同，景观砖的铺装方式也不同，例如对缝铺装、错缝铺装、方格式拼缝铺装、网眼式接缝铺装、按照顺序铺装（图 6-26）。

景观砖的铺装与很多因素有关，不同尺寸的铺装图案也会产生不同的视觉空间效果。尺寸较大的景观砖会使空间充满宽阔感，尺寸较小的景观砖则会使空间具有压缩感。我们在铺装时可以选择大小不同的景观砖进行趣味性搭配，使之产生不同的视觉效果，不同的花纹与图案搭配在一起，也会使滨水景观充满美感。如果景观砖搭配得当，整体的铺装效果能与滨水区域在宏观上得到统一。

景观砖的色彩也要与滨水区域周边环境相协调，体现出设计理念。景观砖色彩的选择要充分考虑公众的心理感受，例如暖色调比较热烈，冷色调比较优雅，明色调比较轻快，暗色调比较宁静。

在铺装时，景观砖应衬托滨水景观，

景观砖具有保温、装饰、承重等作用，多用于欧式建筑、清水园林建筑。

(a)

(b)

(c)

图 6-26　景观砖铺装

小／贴／士

景观铺装中常用的地材

1. 广场砖

广场砖属于耐磨砖的一种，具有防滑、耐磨、修补方便的特点，主要用于广场、人行道等，砖体色彩简单，体积小，多采用凹凸面的形式。

2. 陶土砖

陶土砖是黏土砖的一种，不仅具有自然美，更具有浓厚的文化气息和时代感，通常采用优质黏土甚至紫砂陶土高温烧制而成，陶土砖质感比较细腻，色泽也很均匀，线条流畅，能耐高温、高寒，耐腐蚀，主要适用于广场、庭园、街道及休闲场所等。

3. 锈石

锈石是花岗岩的一种，可用作环境石、铺地石、路缘石、墙壁石以及石雕等。

4. 透水砖

透水砖具有较好的透水性，适合雨水比较充沛的滨水区域。

5. 压模地坪

压模地坪是一种即时可用的含特殊矿物骨料、无机颜料及添加剂的高强度耐磨地坪材料。它具有较强的艺术性，易施工，一次成型，使用期长，修复方便，不易褪色，很适合滨水景观的地面铺装。

利用视觉上的冷暖和轻重变化来创造不同的色彩感受，打破色彩一成不变造成的沉闷感。例如：儿童亲水游乐场所可选择色彩比较活泼的铺装，以营造一种明快的氛围；公众休憩的区域可以选择色彩比较素雅的铺装，以营造一种比较柔和、静谧、平静的氛围。

不同面积的铺装也可以选择不同的铺装材料，用铺装的质感带给人们不同的感受。一般质地比较粗大、厚实，线条比较明显的材料，比较适用于大面积的铺装，材料的粗糙感会给人一种稳重、踏实的感觉；质地比较细小、圆滑、精细的铺装材料，比较适用于面积较小的空间，给人轻巧、精致、柔和的感觉。另外，光照条件比较好的区域建议选择比较粗糙的铺装材料，可以很好地吸收光线，也不会显得耀眼。

小／贴／士

生态透水砖

生态透水砖最初是由荷兰的路面砖演变而来的，它的透水性比较强，可以用来解决滨水景观中地表硬化的问题，能帮助营造更高品质的生态环境，维护滨水景观生态平衡。

透水砖铺装具有很好的防滑性、保湿性、抗旱性、抗氧化性、抗风化性，以及降噪功能。它对雨水也有很好的调节作用，透水砖的材料和垫层均具有吸水性，可以很好地控制水流。透水砖的孔隙可以很好地吸收雨水并使雨水下渗，能够缓解雨水带给滨水区域的排水压力，通过吸收雨水和使雨水缓慢渗入地下变为地下水的方式，不仅及时补给了地下水，还能在雨量比较多的情况下缓解因降水量过大而造成地面大径流的情况。

透水砖能改善滨水区域生态系统。透水砖铺装具有很好的保湿作用，可以提高水土保持率并降低土温，改善地下生物的生存环境，更好地维持生态平衡。透水砖可以很好地吸收噪声，砖面的微小凹凸能吸收路面的反光，从而提高滨水区域的声光环境质量，为公众提供一个舒适、安全的声光环境。

第三节　植物景观

植物景观在滨水景观中非常重要，它主要包括植物之间的配置。这种配置要充分考虑植物种类的搭配与组合以及平面和立体的构图、色彩之间的搭配，还有植物与周边山石、建筑小品之间的搭配(图6-27)。

滨水环境植物景观设计的基本原则是所有的组合搭配要在一个整体的空间范围内，充分将自然环境和人文环境相结合，设计出独具自然特色的植物景观。植物景观设计必须在保护生态平衡的基础上进行。滨水环境植物景观设计应遵循以下原则。

1. 季候性原则

季候性原则主要体现色彩的季节性变化，设计时应充分体现植物本身的形体美(图6-28)。植物的季节性变化也能够表现出滨水空间的时空感。遵循这个原则进行设计可以很好地体现植物丰富多彩的季节特点，在设计时要充分利用植物不同的外形特色，选择适宜的搭配方式，从而营造滨水区域的空间美感。

2. 地域性原则

地域性原则表现在既要展示滨水空间的设计理念，还必须满足滨水空间植物的

图 6-27　植物造景

图 6-28　不同色彩的组合

生态要求。滨水环境植物景观设计要考虑植物的光照情况、吸水率、温度环境、土壤环境等，这样才能使植物正常生长，也能更好地维持生态系统的稳定。

3. 经济性原则

经济性原则意味着在设计时要尽量降低设计成本，尽量选用乡土品种的植物或者小树苗，合理使用名贵植物。

4. 互相结合的原则

互相结合主要是速生树种与慢生树种相结合、陆生与水生植物相结合以及普遍基础绿化和主要景点绿化相结合。互相结合的设计有利于更好地实现绿化目标，创造出更具有空间层次感的植物景观，突出设计的艺术概念和设计的重点（图 6-29）。

图 6-29　主次分明的植物景观

小贴士

虚拟水景

在水资源缺乏的地区，虚拟水景也是一个很好的解决办法。它是一种意向性的水景，是用具有地域特征的造园要素，如石块、砂粒、野草，仿照大自然中自然水体的形状而建成的景观。这样的水景对于严重缺水地区水景的营建具有特殊的意义，同时这样的水景容易带给人更多的思考和体验。

第四节　案例分析——护坡的细节处理

一、砌筑滨水护坡

1. 基本概念

砌筑滨水护坡是以“平面砌筑—绿地—平面砌筑”为组成方式的一种护坡，主要是为了减缓在洪水期以及雨水多发季节洪水对河岸的冲刷力。砌筑滨水护坡有利于维护滨水景观的生态可持续发展，对滨水景观的建设有很大的作用（图6-30）。

2. 设计相关内容

(1) 在设计砌筑滨水护坡时，台阶式的砌筑面是很好的选择。一般会将台阶式的砌筑面设计成略微倾斜的平面，在雨水期时雨水可以沿着倾斜的台面顺流而下，到达砌筑面下方的鹅卵石地面，雨水稍稍覆盖鹅卵石。水底的鹅卵石显得清澈透亮，

图6-30　砌筑滨水护坡

格外美丽（图 6-31）。

(2) 砌筑滨水护坡的边缘处一般会选择中等大小的石块均匀摆放作为压边的石块（图 6-32）。

(3) 砌筑面下方的鹅卵石铺设面具有很好的吸水作用，在一定程度上可以减少雨水汇集量（图 6-33）。

二、植被滨水护坡

1. 基本概念

植被滨水护坡是指在水陆交界处以“砌筑平台—植被”为组成方式的一种护坡，其中以植被为主，以砌筑面为辅。植被滨水护坡在洪水期能够减缓水流压力，提高坡面的抗冲刷能力，同时坡面高低层次分明的植被也使整个护坡具有更好的观赏性（图 6-34）。

2. 设计相关内容

(1) 植被滨水护坡一般设置在河、江等流域较大的区域。一方面在涨水期时，植被滨水护坡可以起到防洪的作用；另一方面，植被滨水护坡可以增加植物群落的多样性，对生态环境的维护也起到重要作

(a)

(b)

(c)

图 6-31　倾斜的砌筑面

图 6-32　压边的石块

(a)　(b)

(c)　(d)

图 6-33　鹅卵石铺设面

图 6-34　植被滨水护坡

用（图 6-35）。

(2) 台阶式的植被滨水护坡每一阶都种植不同高度的植被，形成高低错落的植物景观，增强了整体护坡的立体感，也能利用台阶的高低落差减缓冲刷，起到更好的保护作用（图 6-36）。

(3) 压石在植被滨水护坡中经常使用，一方面压石排列均匀而又错落有致，间距基本相等，一般为 3 ～ 5 m，形成别具一格的石景观；另一方面压石也可以减缓水土流失，增强护坡的防护能力（图 6-37）。

(a)

(b)

图 6-35　起到防洪作用的植被滨水护坡

图 6-36　高低错落的植被景观

(a)

(b)

(c)

图 6-37　压石

思考与练习

1. 列表说明驳岸的常见分类。

2. 阐述驳岸的作用。

3. 概述破坏驳岸的主要因素。

4. 护坡有哪些种类?

5. 木材铺面需要注意哪些要素?

6. 混凝土铺装有哪些优点和缺点?

7. 简述砖块铺装的注意要点。

8. 概述砖块生产的步骤。

9. 照明设计有哪些基本原则?

10. 照明设计有哪些目的?

11. 详细描述植物景观设计的原则。

12. 探讨在滨水景观设计中如何实现社会公平与正义，如公共空间的平等使用、资源分配的公平性等。（思政思考题）

第七章

滨水景观设计的发展趋势

学习难度：★★☆☆☆

学习方法：抓紧时代的脉搏，了解未来景观设计的发展方向并深入学习

重点概念：发展趋势、研究发展方向

章节导读

在当代社会，环境问题日益凸显，诸如环境污染、地震及台风等自然灾害频繁，加之生物多样性的持续减少，均对人类生存环境构成了严峻挑战。在进行滨水景观设计的过程中，设计师们须深刻认识到生态环境与科技进步之间的关系。本章旨在探讨滨水景观设计的未来走向，融入思政元素，强调环境保护的重要性。本章通过分析未来滨水景观设计的发展趋势，旨在提醒人们增强环保意识。景观设计者在规划与实施设计方案时，应充分利用其专业知识和技能，致力于最大限度地保护自然生态环境。景观设计师应秉持可持续发展理念，积极推动设计工作的可持续性发展（图 7-1）。通过这种方式，我们不仅能够促进人与自然的和谐共生，还能培养社会成员的生态文明意识，为实现社会主义现代化建设目标贡献一份力量。

图 7-1　可持续发展的设计

第一节　滨水景观设计的研究现状和发展趋势

一、滨水景观设计的研究现状

1. 国外滨水景观设计的研究现状

尽管西方发达国家城市滨水区的设计在理论和实践上起步都比较早，但是在 20 世纪 80 年代以后，比较大规模的城市滨水区的开发在理论和实践上才得到足够的重视。在此期间，滨水区掀起了再开发的热潮，由北美到西欧再到非洲、东亚，大有席卷全球之势。

近年来国外滨水景观设计的发展脉络如下：最初注重空间尺度及小品的塑造；随后开始注重空间的美感；后来，随着世界经济不断发展，滨水景观的设计开始更注重保护历史文化遗产；如今，科技发展迅速，滨水景观设计考虑的内容也更加全面，如增大环境绿化量、提高环境的生态化与生态修复水平等。尤其是西方国家在 20 世纪 80 年代开始的河流恢复行动，对我国滨水区规划建设具有重要的借鉴意义（图 7-2）。

2. 国内滨水景观设计的研究现状

我国滨水景观设计相对于西方国家起步比较晚，目前我国在建筑设计、城市设计、城市规划等单体领域对滨水区域的研究较多，而在滨水区整体系统开发方面相关研究的理论和实践还不够。（图 7-3）。

二、滨水景观设计的发展趋势

1. 生态化趋势

(1) 水体护岸的生态化发展。生态驳岸尽量利用原有的材料，在保证使用功能

(a)

(b)

图 7-2　考虑生态修复的滨水景观

(a)

(b)

(c)

(d)

图 7-3　国内滨水景观

的情况下尽量保留原有的植物群落，设计时尽量尊重水岸的自然形态。水体驳岸的生态化将是未来的发展趋势(图 7-4)。

(2) 河道形态向自然化靠拢。在之前的基础上将自然河道形态的特点通过设计手段加以精炼，并引入河道横截面设计中。设计可以广泛应用双层河道断面：上层明河具有安全、休闲、亲水等功能，下层暗河具有泄洪、排涝功能。总之，根据地形特点设计河道线形，利用多变的河流断面模拟生态河道，这已经成为城市滨水景观设计的发展趋势(图 7-5)。

(3) 水体更新的生态化处理。植物与水体共同保护处理是设计的关键，今后设计师在设计时应尽量保留城市的水体、湿地，根据植物对水体适应的习性

(a)

(b)

图 7-4 水体驳岸的生态化

(a)

(b)

图 7-5 设计兼具防洪与休闲功能

来选择不同水深的植物，这样不但能取得很好的景观效果，而且具有不可估量的生态价值。现在已经有设计师意识到了这一点，并且已经开始付诸实践(图 7-6)。

2. 人性化趋势

以往的滨水景观设计都是考虑了景观效果，而没有考虑到人对滨水景观的心理需求。今后滨水景观会慢慢地向人性化趋势发展，这是社会发展的需要(图 7-7)。

(a)

(b)

图 7-6 生态化设计效果图

3. 立体化趋势

现在我国的滨水景观设计大部分都是以不同色带的花卉或者水生植物为主，很

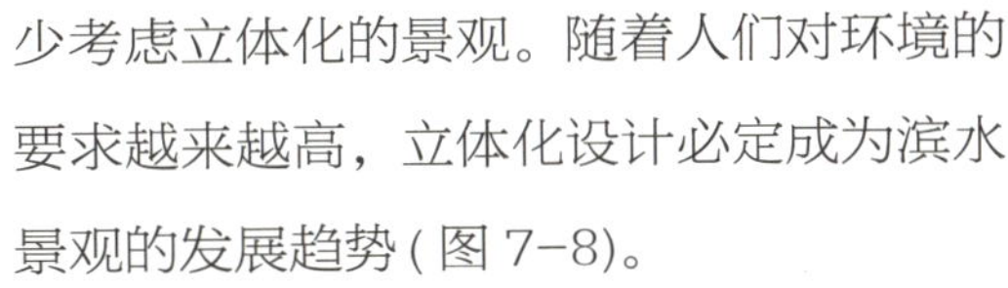

少考虑立体化的景观。随着人们对环境的要求越来越高，立体化设计必定成为滨水景观的发展趋势（图 7-8）。

(a)

(b)

图 7-7　人性化设计

(a)

(b)

图 7-8　立体化设计

小 / 贴 / 士

滨水景观设计现状

滨水景观设计在我国起步较晚，但发展迅猛。纵观如今的滨水景观设计，大多缺乏生态意识及河流、湖泊生境保护意识，河流、湖泊被裁弯取直、拦截隔断，“渠化”现象严重。

如今，湿地几乎消失，小规模水景和人工独立小水景不能满足生物岛屿生境；生活、生产污水未经处理排放，造成水体富营养化，藻类大量繁殖，水体自净能力受到破坏，水系生态失衡，水质污染严重。一系列的水系“改造”导致水土流失、水渗透情形越来越严重，加之对地域性特征考虑甚微，几乎没有考虑公众参与的社会性，长此以往，滨水景观设计将会千篇一律，其生态调节功能、可观赏功能、可亲近功能将被弱化。

第二节 滨水环境的研究发展方向

一、滨水景观设计发展

1. 滨水景观设计理论

滨水景观设计应当明确水体的基本功能，并结合其他功能需求进行空间环境设计，不仅着眼于水体本身，更应当重视推动水体空间相邻区域和环境的发展。

未来滨水景观设计的发展目标：在满足功能的基础上，创造一处风景优美并且便于使用的风景区；在城市与人、人与自然和谐共处的基础上，创造出具有更多功能和满足人们精神需求的区域。

2. 滨水景观设计发展过程

(1) 工业革命之前，滨水空间基本处于一种相对原生态的形态，一部分滨水空间保持着原始的自然景观，另一部分与人们生活联系较为紧密的滨水环境虽经过少许改造，但仍然是人们赖以生存、繁衍生息的源泉。古今中外，许多城市都依河或滨海而建，这些城市和水体之间达到了一种互相依存的平衡，人与自然和谐相处（图7–9）。

(2) 随着18世纪工业革命的开始，机器化大生产席卷全球，滨水空间受到史无前例的巨大影响。工业革命开始后，滨水区域逐渐成为城市中心区，作为航运、仓储、工业等功能的载体，从而导致滨水空间与城市之间的隔离（图7–10）。

(3) 20世纪50年代以来，随着产业

(a)

(b)

(c)

图7–9　依河而建的城市

(a)港口

(b)码头

图7–10　港口、码头

(a)

(b)

(c)

图 7-11 被污染的滨水地区

结构的调整以及经济和现代交通方式的迅速发展，许多原先邻水而建的仓库、航运码头、港口不再发挥作用，加之水体污染严重，滨水地区一度成为环境恶劣、臭气熏天的衰落区(图 7-11)。

(4) 20 世纪 60 年代以来，随着全球环境运动的高涨和生态意识的觉醒，水污染问题得到前所未有的重视。同时，人们开始认识到那些废弃的仓库、工业建筑具有空间转换的可能性，这对于缺乏开放空间的城市而言是极为宝贵的空间。这类废弃空间的改造为城市更新提供了一个有利的契机，滨水空间由此获得重生(图 7-12)。

(5) 20 世纪 90 年代之后，滨水空间设计延续了 20 世纪 60 年代开始的课题，在设计创新和对社会文化历史的尊重等方面取得了新的成绩。同时，生态方面的要求也日益突出。

滨水空间的发展经历了上述曲折的过程，工业革命带来了巨大破坏，同时也引发了后人对滨水空间的重视和对环境改善设计的种种探索。这些探索涉及多个领域，不仅促进了地块经济、文化和环境发展，也体现了各个地区的特色与风貌，形成了多种多样的滨水景观设计的理论和方法。

二、滨水环境研究

1. 滨水环境系统概述

过去的很长一段时间，人们对滨水环境的关注点往往在于水缘的堤坝建设，关

(a)

(b)

图 7-12 马拉加旧港口改建

小/贴/士

河流必须具有的功能

1. 防洪功能

防洪功能指的是以防御洪水为主的地区的安全和防灾功能。

2. 水利功能

水利功能指对水的利用功能，包括水资源利用和航运及渔业。

3. 环境功能

环境功能包括为人们休闲活动提供景观优美的场地，调节气候，利于水生动植物的繁衍等。

注堤坝是否能够有效抵挡自然洪水灾害。近几十年来，城市迅速扩展，社会发展进程加快，能源和生态环境也遭到了前所未有的破坏，但随着人们对环境问题的关注，滨水环境在人们心目中的地位也越来越重要。同时，新的科学技术的出现使人们改造自然的信心和决心大大增强。

环境主义者在规划设计中提倡对自然的尊重和对流域的保护，并应具有可持续发展的思想。对于一处滨水环境，人们希望不但可以看到优美的风景，还希望可以有效应对自然灾害和预防水体污染。可见，如今的滨水环境设计是一项多功能的综合性工程，它既要满足人们的休闲活动需要，又要有效改善生态环境。这正是当前滨水环境研究的目标所在。

随着滨水景观设计理论与方法的多元化，滨水环境研究的课题也呈现出多方向发展的趋势，而且各个方向的研究也更为深入。

2. 前沿性课题方向

1) 历史遗迹的保护和改造

(1) 西方在文艺复兴时期将公共空间的概念引入滨水环境中。许多早期的欧洲城市都在滨水地带建设了供人们使用的公共空间，例如在 1607 年的阿姆斯特丹扩展规划中，3 条新挖的运河两边排列着城市住宅，而在住宅和运河之间种植了榆树，创造出宜人的滨水散步区（图 7-13）。

(2) 19 世纪末开始掀起的城市美化运动，除了对城市规划和建筑形式产生影响外，对滨水环境也产生了相应的影响。

(3) 20 世纪初期水运迅速发展，工业和仓储用地犹如雨后春笋般出现在滨水空间中。

(4) 20 世纪 50 年代后期，陆路交通方式取代水运交通方式，产生大量废弃的工业仓储用地。

(5) 自 20 世纪 60 年代开始，人们的环境意识觉醒，新的科学技术和手段出现，使人们改造自然的信心大大增加。

(a)

(b)

图 7-13　滨水散步区

(6) 今天，环境问题得到人们的极大关注，更多的生态设计方法也应用到滨水景观设计中。同时，历史保护运动应运而生。环境运动和历史保护运动共同促进了滨水区的复兴。

2) 进行用地功能重组

自从 20 世纪中期水运交通逐渐被陆路交通取代之后，滨水区原有的大规模工业及仓储用地的原有功能也逐渐消失，滨水区呈现一片荒废的情景。在这种情况下，滨水景观设计的前提是要对滨水区用地的功能进行重组，这也成为滨水环境研究的前沿课题之一。

从里斯本的旧码头滨水空间开发项

小知识

对滨水区进行历史文化保护

对滨水区进行历史文化保护主要从以下两个方面进行。

(1) 保护、更新旧建筑，保留其历史痕迹，突出和发扬历史文化内涵。

(2) 场地历史遗迹的挖掘和保护十分重要，但还要适当变化创新，突出新旧对比并体现时代特征。

目可以看出，原有的仓库厂房如今已变为酒吧、咖啡馆等为滨水公共空间服务的商业建筑。再以巴黎为例，塞纳河两岸衰落的工业和仓储用地逐渐转变为宜人的开放空间，许多原有的工业厂房和仓库保留并改造为商业空间和休闲空间 (图 7-14)。塞纳河东段原有的铁路站场被改造成国家图书馆，同样实现了用地功能的转变。

需要注意的是，许多滨水空间用

(a)

(b)

图 7-14　塞纳河两岸的用地功能重组

地功能的转变是利用一些特定的城市事件（也可称之为“触媒”）来实现的。利用城市事件实现用地功能重组也成为滨水区开发的一个重要手段和契机。例如，蒙特利尔在 1967 年举办了世界博览会，初步复兴了滨水地区，后来于 20 世纪 80 年代在此基础上进行了第二次复兴，从而真正实现了用地功能的转变（图 7-15、图 7-16）。

巴塞罗那又是一个滨水地区用地功能成功转变的例子。在巴塞罗那成功申办 1992 年奥林匹克运动会之后，成立了巴塞罗那奥林匹克筹备委员会，该委员会负责建设奥运会所需的主要的基础设施，并致力于达到基于巴塞罗那长期利益的各种城市建设目标。奥林匹克筹备委员会要对西班牙国家政府和巴塞罗那的市议会负责，整个项目可以划分为三部分：①一个城市景观破败区的景观恢复；②一条宏伟壮观的贯穿全城的道路修建项目的实施与扩建；③四个特定地区的景观恢复以及相应体育文化的体现和开放空间的构建。

由于这个重大的城市事件，巴塞罗那的滨海空间重获生机和活力。后期，随着铁路线的改造和新的地下铁路的修建，这个滨海区域成为占地50公顷的黄金地段，

(a)

(b)

图 7-15　蒙特利尔举办的世界博览会

(a)

(b)

图 7-16　蒙特利尔滨水区域用地功能的转变

奥运村就坐落于此。同时，这个地区也成为连接巴塞罗那市区的城市滨海区。一条带状公园的新滨海大道连接了原有的海滨散步道。在这个地区中，四千米的海滩被重新整修，建成狭长的海洋公园，同时也散布着一些小块的绿地。建筑和土木工程的崭新风貌预示了该地区新的开始（图 7-17）。

可见，重组用地功能是当前滨水区开发面临的主要问题之一，也成为滨水环境研究的前沿课题之一。

3）滨水地区的交通线路组织

随着交通的迅速发展，许多滨水地区建立了穿越式高速公路或者城市快速道，虽然这些道路的建设在一定程度上缓解了交通压力，使交通更加便捷，但是其阻碍了滨水区域与其他区域之间的联系，使滨水空间破碎化，同时孤立了滨水环境。例如，巴黎雪铁龙公园毗邻塞纳河的西段，二者曾经因为一条沿河的城市铁路被分割开来，后来在进一步改造中，铁路被改造成高架桥的模式，从而在底部沟通了雪铁龙公园和塞纳河，使得二者成为一个整体，也使得雪铁龙公园与城市之间的关系更为密切（图 7-18）。

可见，滨水地区交通线路的合理组织

(a)

(b)

图 7-17　带状公园

(a)

(b)

图 7-18　巴黎雪铁龙公园

是当前滨水景观设计的重要课题，也是设计师一直在寻求新途径的前沿课题，近几十年来受到人们越来越多的重视。目前，通常的做法是将穿越滨水地区的交通干道地下化或者高架化，从而沟通外围区域与滨水区域之间的联系，方便人们在此观赏、游玩（图 7-19）。

总之，滨水地区的交通线路组织影响着滨水地区的水陆关系，应避免出现单一用途的运输系统，并将其改造成多功能通道，能够同时具有人行道、自行车道、运输线路(包括陆路和水路)、机动车道等作用。同时，尤其应当注意对到达滨水区的多重连续要素进行设计和建造（图 7-20)。

图 7-19　将交通干道高架化

4) 场地特征的塑造

在全球化的今天，城市景观越来越千篇一律，丧失个性。滨水景观设计也常常趋于同化，越来越缺少地方文化的丰富性和复杂性。

在这种情况下，滨水环境研究的另一个前沿课题，即场地特征的塑造应运而生。江苏泰州稻河街的两侧原本布满了青砖小瓦的木质民居和吊脚楼，具有浓郁的地方特色和场地特征。然而，在滨水环境改造的过程中，该地却模仿其他城市的滨水商业区，拆除老民居，新建了许多仿古建筑，使自身的地方特色消失殆尽。

未来的滨水设计不妨借鉴威尼斯的做法，威尼斯之所以成为世界上最具吸引力的水城之一，其中一个重要的原因是数百年来对传统地方特色的保持和延续。

因此，滨水景观规划设计项目必须注意对自身的场地特征进行塑造和挖掘，使之具有鲜明的特色。

5) 生态恢复

19 世纪 60 年代初，美国威斯康星大学的刘易斯教授提出了一种环境资源分析的地图研究法，并通过这种方法定义了威斯康星州的 220 处自然资源和文化资源。将这些资源在地图上进行叠加和定位后，他和他的同事发现这些自然资源和文化资源主要沿廊道分布，尤其集中在河流及主要的排水区域。因此他们将这种区域命名为“环境廊道”(图 7-21)。刘易斯对这

(a)

(b)

图 7-20 交通线路组织

绿道主要分为三种：重要的生态廊道和自然系统；游憩绿道，多临水、临径、临景；具有历史文化价值的绿道。

(a)

(b)

图 7-21 绿色廊道

些资源的制图、分析和评估正是他后来提出“威斯康星遗产游道计划”的基础。

生态恢复和环境保护是当前滨水环境研究的一个前沿课题。事实上，早在20世纪60年代，景观学家已经开始根据生态原则进行景观规划，到今天，这个课题仍然在不断被深入研究。

例如，位于美国马里兰州巴尔的摩西北部的格林·斯普林和沃辛顿流域拥有秀丽的景色和丰富的自然资源，流域周围还包围着许多绿色空间。但是随着高速公路等现代化交通道路的建设，这块充满农牧生活气息的“飞地”受到城市化进程的影响，三面受到蚕食。这种局面如果不加以控制，这一地区的历史特点将难以保持。格林·斯普林和沃辛顿流域地区研究人员，即麦克哈格等人，针对城市化进程的问题，一反通常的土地发展模式，基于生态环境资源保护的原则，提出了针对流域保护与开发的可行性研究规划，维持了沃辛顿流域地区的正常发展（图7–22）。

三、滨水空间的环境更新

1. 基于功能改变的环境更新

工业革命以后，为了满足工业大生产的需要，许多海滨、河道的滨水空间都被开发为码头、仓储、化工等工业生产基地。工业设施不仅破坏了自然水岸线的景观，还带来了环境污染的问题，更重要的是割断了人们接触水体、开展亲水活动的可能性。近年来，随着生产力的快速提高和社会物质文明的高速发展，人们越来越重视环境生活品质，追求精神生活的愉悦。

目前衰退的滨水生产设施也越来越受到公众的关注，于是各城市开始进行基于功能改变的环境更新。例如广东中山的岐江公园项目，公园原址是广东中山著名的粤中造船厂，它始建于20世纪50年代初，20世纪90年代后期不再使用。作为社会主义工业化发展的象征，该厂在几十年间历经了新中国工业化的艰难时期，面目全非的旧厂房和荒废的机器设备给创业者和当地人留下了宝贵的城市痕迹。设计师俞孔坚等坚持人与土地和谐相处的思想，保留了原址的铁轨、厂房支架、裸钢水塔等工业遗迹和设备，将滨河的旧造船厂改造成市民日常活动的公园（图7–23）。

(a)

(b)

(c)

图7–22　沃辛顿流域

2. 基于使用方式的环境更新

滨水空间的环境更新并不仅仅局限于物质空间方面的改变，也指使用方式的改变，即不通过物质技术手段进行大规模的改造，而是赋予其一些新的使用方式或者在管理方面加以改变，通过非营利性组织机构的推广，将滨水空间用于各种艺术活动、群众性活动等，从而提高滨水空间的环境品质和使用效率。

(a)

(b)

(c)

(d)

图 7-23　广东中山岐江公园

小/贴/士

我国滨水景观存在的主要问题

1. 私密空间和开放空间的空间层次感处理不当

私密空间不够私密，不能很好地保护游客的隐私。而开放空间则不够开阔，稍显封闭的空间会让游客产生一种沉闷的感觉。

2. 对滨水空间与整体的关系处理不好

在进行滨水景观设计时，缺少对滨水区域内在特征的针对性研究，各项规划成果很难落到实处，指导性作用不够强，在宏观上不能很好地控制滨水景观的整体规划。

3. 在景观概念规划方面处理不好

在进行滨水景观设计时，将景观概念规划与一般的景观设计等同起来，仅着眼于对景观细节的设计，缺乏对滨水区改造和发展的整体研究，最终成为落后于用地发展的被动的景观规划。

4. 历史文化遗存方面处理不到位

有的开发项目并未有效保护和利用历史文化遗产，没有发挥滨水空间应有的历史价值。

第三节　案例分析——中国香港启德河概念设计

一、工程介绍

1. 关于中国香港

中国香港是国际和亚太地区重要的航运枢纽和最具竞争力的城市之一，经济自由度指数连续多年位居世界首位。香港地处华南沿岸，在广东省珠江口以东，由香港岛、九龙半岛、新界内陆地区以及 262 个大小岛屿（离岛）组成。香港北接广东省深圳市，南面是广东省珠海市万山群岛，与西边的澳门地区隔海相对。香港陆地面积为 1114.57 km^2，水域面积达 1640.40 km^2。香港地区全年气温较高，年平均温度为 24.8 ℃（2024 年数据）。夏季炎热且潮湿，温度在 27 ～ 33 ℃之间；冬季凉爽而干燥，但气温很少会降至 5 ℃以下。香港地区处于潮湿的亚热带环境，地形主要为丘陵，径流丰富，地表水系发达（图 7-24）。

2. 关于启德河

启德河是香港市区现存的少数明渠之一，为东九龙的一条主要排洪渠道，长约 2.4 km，位于九龙黄大仙区彩虹道、衙前围村一带。启德明渠由蒲岗村道起，沿彩虹道延至太子道东，流经东头邨和新浦岗，

(a)

(b)

(c)

图 7-24　中国香港

(a)

(b)

(c)

图 7-25　启德河的规划设计

再接前启德机场跑道和观塘之间的狭长水道(这一段又称为启德水道)，最后进入九龙湾海域。启德河沿岸的滨水设计是为了创造一个健康的河畔生活系统，改善流域生态环境(图 7-25)。

二、设计相关内容

1. 设计目的

该设计旨在改造启德河沿岸不断恶化的环境，将其重建为一个安全、舒适的公共空间，并建设车行高架，解决沉沙问题，并开展其他基础设施的改进工作，将独特的启德空间融入整个社区环境之中(图 7-26、图 7-27)。

2. 标志性象征

启德河口被重建后成为启德滨水区域的景点和香港地区永恒的天际线。在设计时，建筑以编织几何为形，在大的框架之内高出海平面 28 ～ 30 m。这一大框架可做水幕，投射光影，展示中国香港的艺术和文化。这种框架代表着改变、希望和视

图 7-26　旧启德机场

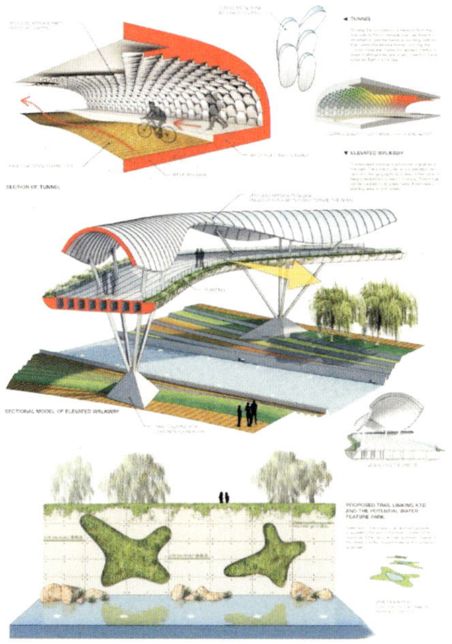

(a)

(b)

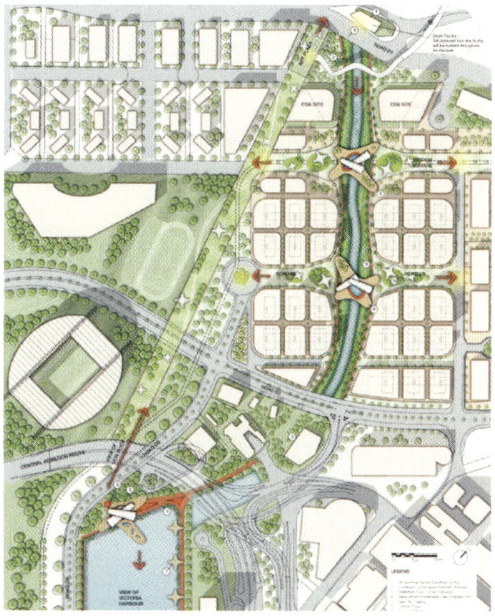

(c)

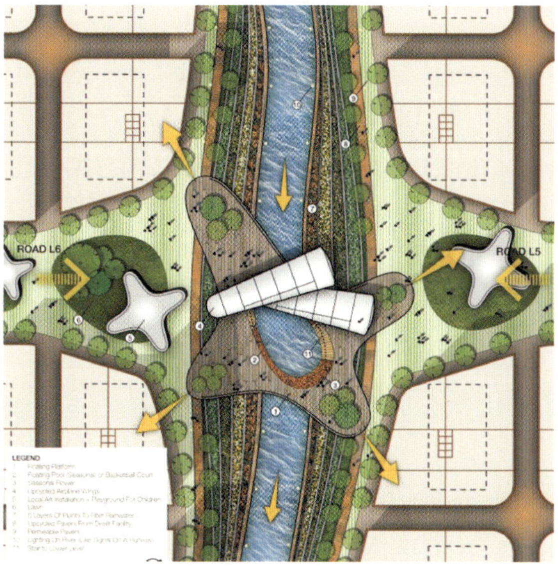

(d)

图 7-27　设计立体概念图

野，同时也是河口生态系统的一种标志性象征（图 7-28）。

3. 设计的特点

(1) 蜿蜒曲折的线条设计。启德河道在连接周边商业和人群中扮演着重要的角色，凭借林中步道和纪念公园，启德河道成为可供人们休闲娱乐的曲线形生态项目。从钻石山到启德河口都是整个重建设计策略的一部分，旨在提升河畔的生态系统（图 7-29）。

(2) 具有景观独特性。当水流流过一个物体时，受自然力影响会形成一个编织状的几何形状。该设计采用这种河流形态作为循环网络，将东南西北连接起来，再

(a)

(b)

图 7-28 设计效果图

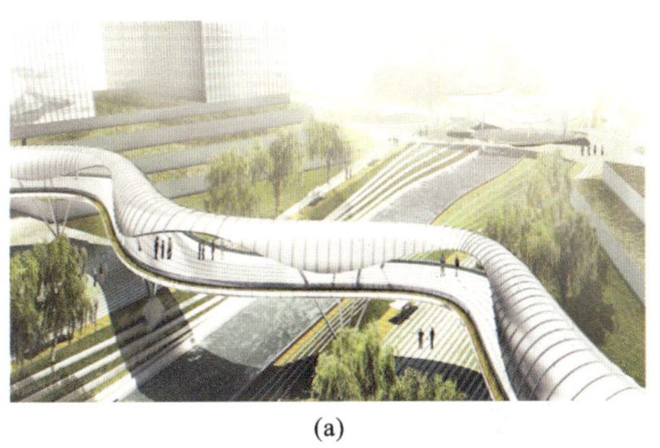
(a)

(b)

图 7-29 蜿蜒曲折的线条设计

通过这种设计将住宅区连接起来。该设计以几何河床为灵感，创造了一种新的水态都市主义景观设计。这种设计为启德区居民提供了一种更大社区的空间感受，同时通过启德河保持其景观语言的独特性(图7-30)。

(3) 道路设计综合性强。启德河畔各区块由环保型轻轨站相连，主要车行道、人行道从钻石山曲折延伸至河口。而次级道路将周边的环境相互连接起来，这种道路网络系统确保了从公园到周边人流高峰的无缝衔接。众多梯田和挑高平台为人们

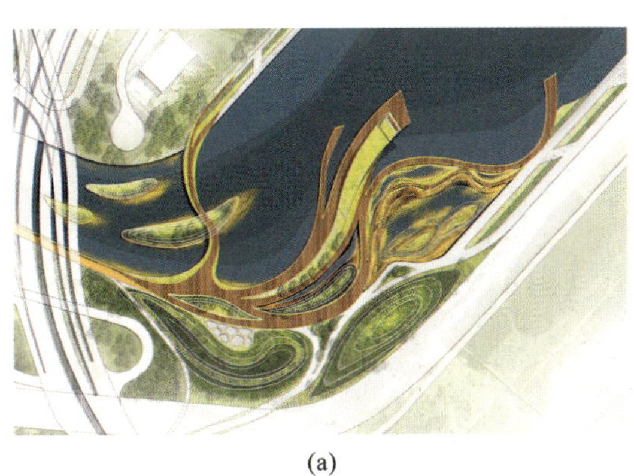
(a)

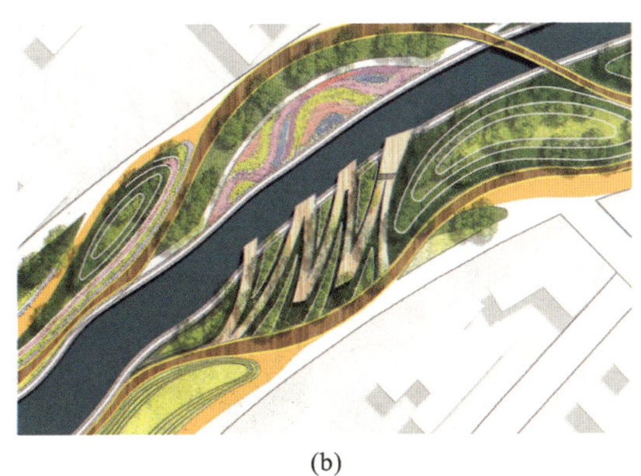
(b)

图 7-30 相关概念图

提供了休闲、观景的空间，而社区间高差不等的梯田和园路将人们同水滨区联系起来，具有安全性（图 7-31）。

(4) 增强生态保护使命感。通过启德河畔绿廊项目的建设可以有效增强人们对自然的保护意识。其中生态建设项目包括公园河口生态系统建设和其他生态服务优化。公园河口生态系统建设包括风暴海水处理系统、湿地及水池修建。其中优化雨水质量在城市生态系统中有着十分重要的作用。设计优良的列车系统可以降低交通带来的各种污染物。树林作为绿色屏障将沿路的空间逐一打破。而其他生态服务优化包括植被多样性最大化及野生动植物栖息地的创造。

4. 相关设计图纸和实景图

启德河的其他相关图纸和实景图见图 7-32、图 7-33。

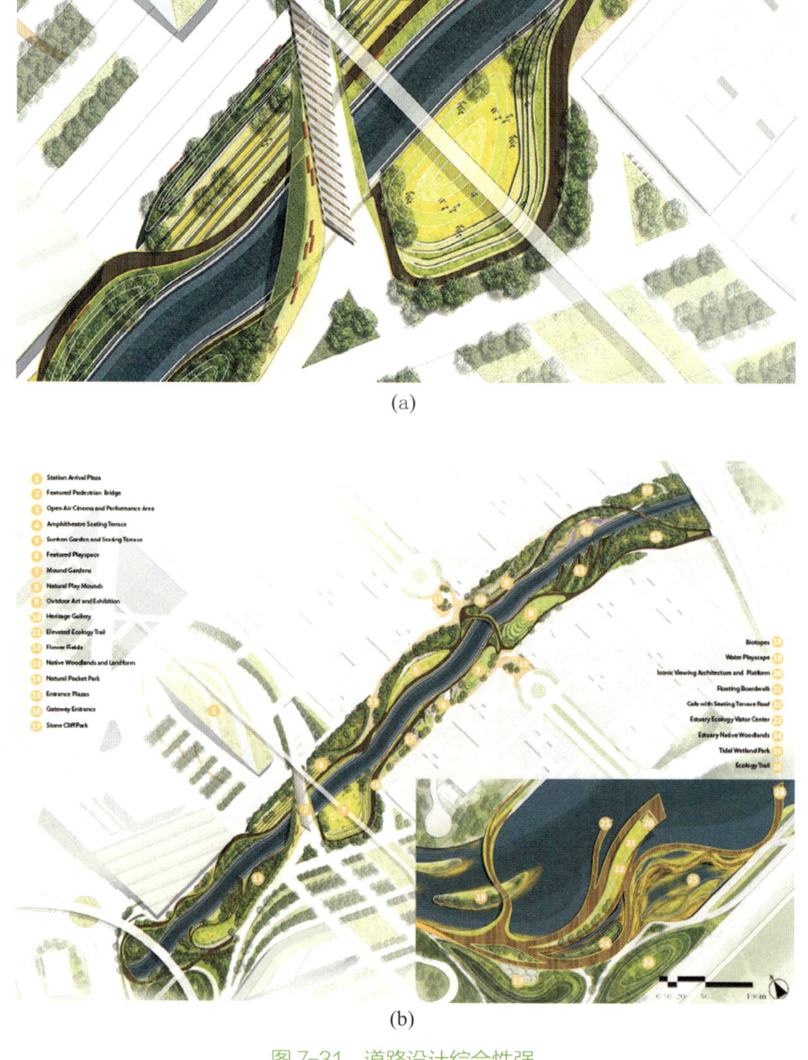

(a)

(b)

图 7-31　道路设计综合性强

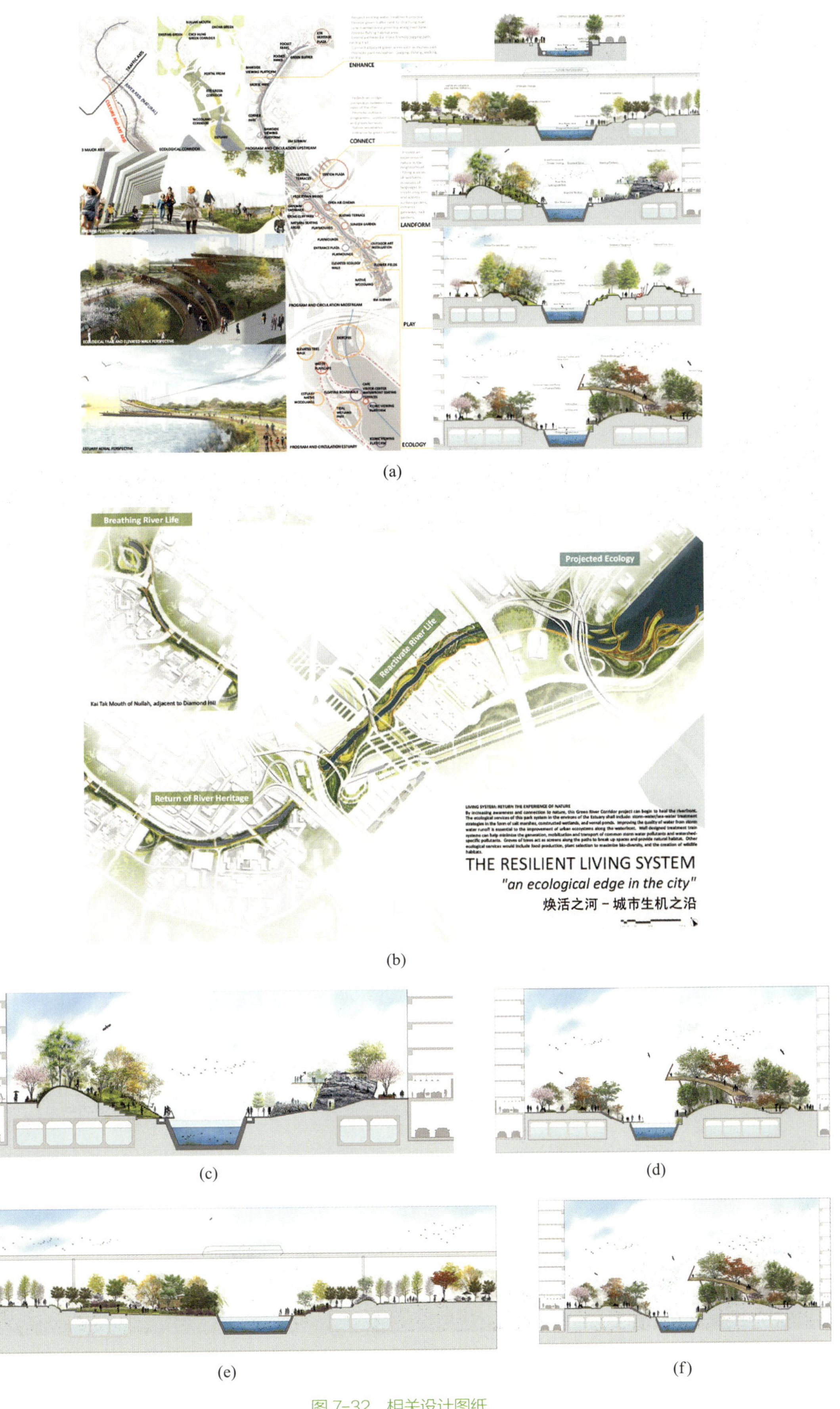

(a)

(b)

(c)

(d)

(e)

(f)

图 7-32　相关设计图纸

(a)

(b)

图 7-33　相关实景图

(c)

(d)

续图 7-33

(e)

(f)

续图 7-33

思考与练习

1. 简述国外滨水景观的发展特点。

2. 滨水景观未来有怎样的发展趋势？

3. 详细说明滨水景观设计的现状。

4. 滨水景观设计的发展目标是什么？

5. 河流具有哪些必要的功能？

6. 滨水景观设计要考虑哪些细节要素？

7. 概述滨水景观的发展过程。

8. 叙述滨水景观研究的前沿课题方向。

9. 如何进行滨水景观的管理维护？

10. 举例说明保护滨水区域历史文化有哪些具体措施。

11. 结合具体设计案例，阐述如何在滨水景观设计中融入地域元素，激发人们对国家和家乡的热爱。（思政思考题）

参考文献

References

[1] 丁圆 . 滨水景观设计 [M]. 北京：高等教育出版社，2010.

[2] 陈六汀 . 滨水景观设计概论 [M]. 武汉：华中科技大学出版社，2012.

[3] 尹安石 . 现代城市滨水景观设计 [M]. 北京：中国林业出版社，2010.

[4] 本书编委会 . 滨水景观 (当代顶级景观设计详解)[M]. 北京：中国林业出版社，2014.

[5] 周科 . 基于生态文明理念的城市河流滨水景观规划设计 [M]. 北京：中国水利水电出版社，2017.

[6] 张亚萍，梅洛 . 景观场所设计 500 例——滨水景观 [M]. 北京：中国电力出版社，2014.

[7] 中国建筑文化中心 . 中外景观——滨水景观设计 [M]. 南京：江苏人民出版社，2012.

[8] 唐剑 . 现代滨水景观设计 [M]. 沈阳：辽宁科学技术出版社，2007.

[9] (法) 苏菲・巴尔波 . 海绵城市 [M]. 夏国祥，译 . 桂林：广西师范大学出版社，2015.

[10] 方慧倩 . 滨水景观 [M]. 沈阳：辽宁科学技术出版社，2011.

[11] 黄生贵，吕明伟，郭磊 . 山水田园城市：滨水景观设计 [M]. 北京：中国建筑工业出版社，2015.

[12] 张馨文，高慧 . 园林水景设计 [M]. 北京：化学工业出版社，2015.

[13] 陈天，姜川 . 滨水区景观规划 [M]. 南京：江苏科学技术出版社，2014.

[14] (法) 马克斯・罗卡，JML 事务所 . 法国水景设计：城市水元素 [M]. 沈阳：辽宁科学技术出版社，2007.

[15] (日) 河川治理中心 . 滨水地区亲水设施规划设计 [M]. 苏利英，译 . 北京：中国建筑工业出版社，2005.

[16] (法) 洛尔卡 . 景观实录——水景设计与营造 [M]. 李婵，译 . 沈阳：辽宁科学技术出版社，2013.

[17] 周正楠，邹涛 . 与水共生：中荷滨水新城对比研究 [M]. 北京：清华大学出版社，2014.

[18] 王润强 . 城市水空间景观设计 [M]. 大连：大连理工大学出版社，2007.

[19] 韩琳 . 水景工程设计与施工必读 [M]. 天津：天津大学出版社，2012.

[20] (美) 佐薇・瑞安 . 亲水建筑 [M]. 梁蕾，焦国荣，译 . 北京：中国建筑工业出版社，2014.

[21] (德) 迪特尔・格劳 . 城市环境景观 [M]. 艾洪钊，邵延娜，译 . 桂林：广西师范大学出版社，2015.

[22] 薛健 . 滨水住宅与花园别墅 [M]. 济南：山东科学技术出版社，2006.

[23] 林焰 . 滨水园林景观设计 [M]. 北京：机械工业出版社，2008.

[24] 袁敬诚，张伶伶 . 欧洲城市滨河景观规划的生态思想与实践 [M]. 北京：中国建筑工业出版社，2013.